수학 리더 최상위 4-2

KB087022

최상위 심화서 **차례**

이 책의 구성과 특징

STEP 1 | 하이레벨 입문

교과 개념 + 핵심 문제

1 분수의 덧셈 (1)

· (진분수)+(진분수)
① 분모는 그대로 두고 분자끼리 더합니다.
② 계산 결과가 가분수이면 대분수로 바꿉니다.

예 $\dfrac{2}{4}+\dfrac{1}{4}=\dfrac{2+1}{4}=\dfrac{3}{4}$ 예 $\dfrac{3}{4}+\dfrac{2}{4}=\dfrac{3+2}{4}=\dfrac{5}{4}=1\dfrac{1}{4}$

가분수를 대분수로 바꾸기

2 분수의 뺄셈 (1)

(1) (진분수)−(진분수)
분모는 그대로 두고 분

예 $\dfrac{4}{5}-\dfrac{3}{5}=\dfrac{4-3}{5}=$

(2) 1−(진분수)
1을 가분수로 바꾸어

3 두 수의 합을 구하세요.

$$3\dfrac{4}{9}, \quad 2\dfrac{3}{9}$$

(   )

✔ 단원별 핵심 개념과 상위 개념을 한눈에 익히고 문제를 풀면서 개념 마스터

활용 개념 + 플러스 문제

4 받아내림이 없는 대분수끼리의 뺄셈

심화개념 **Check Point**

(빼지는 수)−(빼는 수)=(계산 결과)

➡ (빼는 수)=(빼지는 수)−(계산 결과)

예시 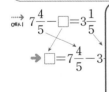 $7\dfrac{4}{5}-\square=3\dfrac{1}{5}$

➡ $\square=7\dfrac{4}{5}-3$

4 개념 플러스 문제

▲에 알맞은 수를 구하려고 합니다. □ 안에 알맞은 수를 써넣으세요.

$$4\dfrac{5}{6}-▲=2\dfrac{4}{6}$$

▲=$\square$−$\square$ ➡ ▲=$\square$

✔ 문제를 풀 때 필요한 활용 개념을 익히고 문제를 풀면서 활용 개념 마스터

STEP 2 | 하이레벨 탐구

대표 유형 + 체크 문제

대표 유형 1 창의·융합형 문제

경수는 무가 싹이 난 후 키가 $\dfrac{3}{5}$ cm일 때부터 매일 오전 9시에 키를 재어 관찰일지를 작성하였습니다. 이 무가 일정한 빠르기로 계속 자란다면 4일 오전 9시에 키는 몇 cm가 되겠는지 구하세요.

무의 키

날짜	1일	2일	3일	4일
키(cm)	$\dfrac{3}{5}$	1	$1\dfrac{2}{5}$	

문제해결 Key
무가 하루에 자라는 키를 구하여 4일 오전 9시에 무의 키를 구합니다.

(1) 하루 동안 자라는 무의 키는 몇 cm일까요?

(   )

(2) 4일 오전 9시에 무의 키는 몇 cm가 되겠는지 구하세요.

(   )

✔ 자주 나오는 유형을 최적의 단계를 따라 풀면서 문제 해결력을 기르고, 체크 문제를 풀면서 유형 마스터

탐구 플러스 문제

STEP 2 하이레벨 탐구 플러스 High Level

1 □ 안에 들어갈 수 있는 자연수 중에서 가장 작은 수를 구하세요.

$$6\dfrac{3}{8}-3\dfrac{\square}{8}<2\dfrac{7}{8}$$

(   )

2 윤주가 동화책을 어제는 전체의 $\dfrac{5}{15}$를 읽었고 오늘은 전체의 $\dfrac{7}{15}$을 읽었습니다. 어제와 오늘 읽은 동화책의 쪽수가 120쪽이라고

✔ 대표 유형 외에 다양한 심화 문제들을 스스로 풀면서 상위권 유형 도전

STEP 3 / 하이레벨 심화

고난도 심화 문제

1 5장의 수 카드 중에서 3장을 골라 한 번씩만 사용하여 분모가 8인 대분수를 만들려고 합니다. 만들 수 있는 가장 큰 대분수와 가장 작은 대분수의 차를 구하세요.

| 1 | 7 | 8 | 5 | 6 |

(   )

풀이

코딩형

2 두 수를 누른 후 버튼 ♥ 을 누르면 보기 와 같이 누른 두 수의 합이 나옵니다. ㉠+㉡−㉢의 값을 구하세요.

보기

$$\boxed{\dfrac{8}{9}} \rightarrow \boxed{\dfrac{7}{9}} \rightarrow \boxed{♥} \rightarrow 1\dfrac{6}{9}$$

- $\boxed{1\dfrac{4}{5}} \rightarrow \boxed{2\dfrac{2}{5}} \rightarrow \boxed{♥} \rightarrow ㉠$
- $\boxed{3\dfrac{4}{}} \rightarrow \boxed{\dfrac{4}{}} \rightarrow \boxed{♥} \rightarrow ㉡$

풀이

✔️ 다양한 고난도 문제, 경시유형 문제를 풀면서 응용력과 사고력을 길러 최상위권 도전

토론 발표   브레인스토밍

최고난도 사고력 문제

1 일정한 규칙에 따라 10개의 분수를 다음과 같이 늘어놓았습니다. 늘어놓은 10개의 수의 합을 구하세요.

$$1\dfrac{1}{30},\ 3\dfrac{4}{30},\ 5\dfrac{7}{30}\cdots\cdots,\ 17\dfrac{25}{30},\ 19\dfrac{28}{30}$$

풀이

답 _____

✔️ 각종 경시대회에 출제되는 최고난도 문제를 풀면서 종합적인 사고력을 길러 수학 실력 업그레이드

브레인스토밍 문제는
토론 발표 수업을 할 수 있어요!

1

분수의
덧셈과 뺄셈

#최상위심화서
#리더공부비법
#상위권잡는필독서
#학원에서검증된문제집

수학리더
최상위

Chunjae
Makes
Chunjae

▼

기획총괄	박금옥
편집개발	윤경옥, 박초아, 김연정, 김수정, 조은영,
	임희정, 이혜지, 최민주, 한인숙
디자인총괄	김희정
표지디자인	윤순미, 박민정
내지디자인	박희춘, 조유정
제작	황성진, 조규영

발행일	2023년 3월 1일 초판 2023년 3월 1일 1쇄
발행인	(주)천재교육
주소	서울시 금천구 가산로9길 54
신고번호	제2001-000018호
고객센터	1577-0902
교재 구입 문의	1522-5566

※ 이 책은 저작권법에 보호받는 저작물이므로 무단복제, 전송은 법으로 금지되어 있습니다.

※ 정답 분실 시에는 천재교육 홈페이지에서 내려받으세요.

※ KC 마크는 이 제품이 공통안전기준에 적합하였음을 의미합니다.

※ 주의

  책 모서리에 다칠 수 있으니 주의하시기 바랍니다.

  부주의로 인한 사고의 경우 책임지지 않습니다.

  8세 미만의 어린이는 부모님의 관리가 필요합니다.

단원의 흐름

이전에 배운 내용 [3-2] 분수

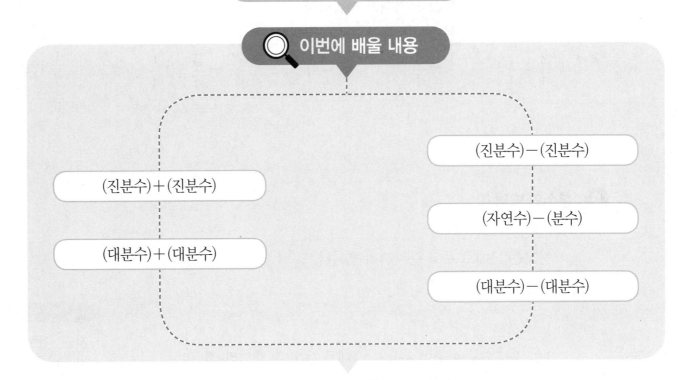

이번에 배울 내용

(진분수)＋(진분수)

(대분수)＋(대분수)

(진분수)－(진분수)

(자연수)－(분수)

(대분수)－(대분수)

다음에 배울 내용 [4-2] 소수의 덧셈과 뺄셈

꼭! 알아야 할 대표 유형

유형 1   창의 · 융합형 문제

유형 2   합과 차가 주어졌을 때 두 진분수를 구하는 문제

유형 3   시각을 구하는 문제

유형 4   수직선에서 거리를 구하는 문제

유형 5   대분수의 뺄셈식에서 분자의 합이 가장 클 때의 값을 구하는 문제

유형 6   일을 모두 끝내는 데 걸리는 시간을 구하는 문제

1 **분수의 덧셈** (1)

• (진분수)＋(진분수)

① 분모는 그대로 두고 분자끼리 더합니다.

② 계산 결과가 가분수이면 대분수로 바꿉니다.

예 $\dfrac{2}{4}+\dfrac{1}{4}=\dfrac{2+1}{4}=\dfrac{3}{4}$ 예 $\dfrac{3}{4}+\dfrac{2}{4}=\dfrac{3+2}{4}=\dfrac{5}{4}=1\dfrac{1}{4}$

가분수를 대분수로 바꾸기

개념 PLUS ➕

주의 분수의 덧셈을 할 때 같은 위치에 있는 수를 모두 더하지 않도록 주의합니다.

$\dfrac{1}{5}+\dfrac{2}{5}=\dfrac{3}{10}$ (×)

$\dfrac{1}{5}+\dfrac{2}{5}=\dfrac{3}{5}$ (○)

2 **분수의 뺄셈** (1)

(1) (진분수)－(진분수)

분모는 그대로 두고 분자끼리 뺍니다.

예 $\dfrac{4}{5}-\dfrac{3}{5}=\dfrac{4-3}{5}=\dfrac{1}{5}$

(2) 1－(진분수)

1을 가분수로 바꾸어 분모는 그대로 두고 분자끼리 뺍니다.

예 $1-\dfrac{2}{5}=\dfrac{5}{5}-\dfrac{2}{5}=\dfrac{5-2}{5}=\dfrac{3}{5}$

분모: 빼는 분수의 분모와 같게 바꾸기 $\left(1=\dfrac{\blacksquare}{\blacksquare}\right)$

개념 PLUS ➕

• 자연수 1은 빼는 분수의 분모와 같은 가분수로 바꿉니다.

$1=\dfrac{2}{2}=\dfrac{3}{3}=\dfrac{4}{4}=\dfrac{5}{5}=\cdots$

3 **분수의 덧셈** (2)

• (대분수)＋(대분수)

예 $1\dfrac{3}{4}+2\dfrac{2}{4}$의 계산

방법 **1** 자연수 부분끼리 더하고, 진분수 부분끼리 더합니다.

$1\dfrac{3}{4}+2\dfrac{2}{4}=(1+2)+\left(\dfrac{3}{4}+\dfrac{2}{4}\right)$

$=3+\dfrac{5}{4}=3+1\dfrac{1}{4}=4\dfrac{1}{4}$

방법 **2** 대분수를 가분수로 바꾸어 더합니다.

$1\dfrac{3}{4}+2\dfrac{2}{4}=\dfrac{7}{4}+\dfrac{10}{4}=\dfrac{17}{4}=4\dfrac{1}{4}$

개념 PLUS ➕

• 대분수를 가분수로 바꾸기

$1\dfrac{3}{4}=\dfrac{4}{4}+\dfrac{3}{4}=\dfrac{7}{4}$,

$2\dfrac{2}{4}=\dfrac{8}{4}+\dfrac{2}{4}=\dfrac{10}{4}$

1 □ 안에 알맞은 수를 써넣으세요.

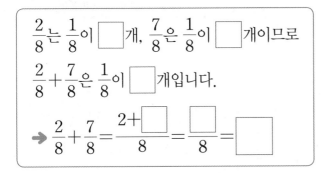

$\dfrac{2}{8}$는 $\dfrac{1}{8}$이 □개, $\dfrac{7}{8}$은 $\dfrac{1}{8}$이 □개이므로

$\dfrac{2}{8} + \dfrac{7}{8}$은 $\dfrac{1}{8}$이 □개입니다.

➜ $\dfrac{2}{8} + \dfrac{7}{8} = \dfrac{2+\boxed{}}{8} = \dfrac{\boxed{}}{8} = \boxed{}$

2 □ 안에 알맞은 수를 써넣으세요.

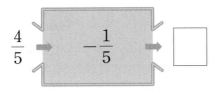

$\dfrac{4}{5}$ ➜ $-\dfrac{1}{5}$ ➜ □

3 두 수의 합을 구하세요.

$$3\dfrac{4}{9}, \quad 2\dfrac{3}{9}$$

(   )

4 계산 결과의 크기를 비교하여 ○ 안에 >, =, <를 알맞게 써넣으세요.

$$\dfrac{4}{6} + \dfrac{3}{6} \bigcirc \dfrac{2}{6} + \dfrac{5}{6}$$

5 헌 책 모으기 행사에 윤진이가 낸 책의 무게는 $2\dfrac{3}{5}$ kg, 미라가 낸 책의 무게는 $1\dfrac{4}{5}$ kg입니다. 윤진이와 미라가 낸 책은 모두 몇 kg인지 구하세요.

식 _____

답 _____

6 물 1 L 중 지희가 $\dfrac{2}{8}$ L, 수혁이가 $\dfrac{5}{8}$ L 마셨습니다. 지희와 수혁이가 마시고 남은 물은 몇 L인지 구하세요.

(   )

7 □ 안에 들어갈 수 있는 자연수를 모두 구하세요.

$$\dfrac{7}{9} + \dfrac{\square}{9} < 1\dfrac{1}{9}$$

(   )

4 **분수의 뺄셈** (2)

- 진분수 부분끼리 뺄 수 있는 (대분수)−(대분수)

예 $3\frac{4}{5}-1\frac{3}{5}$의 계산

방법 **1** 자연수 부분끼리 빼고, 진분수 부분끼리 뺀 결과를 더합니다.

$$3\frac{4}{5}-1\frac{3}{5}=(3-1)+\left(\frac{4}{5}-\frac{3}{5}\right)=2+\frac{1}{5}=2\frac{1}{5}$$

방법 **2** 대분수를 가분수로 바꾸어 뺍니다.

$$3\frac{4}{5}-1\frac{3}{5}=\frac{19}{5}-\frac{8}{5}=\frac{11}{5}=2\frac{1}{5}$$

5 **분수의 뺄셈** (3)

- (자연수)−(분수)

예 $3-1\frac{3}{5}$의 계산

방법 **1** 자연수에서 1만큼을 가분수로 바꾸어 뺍니다.

$$3-1\frac{3}{5}=2\frac{5}{5}-1\frac{3}{5}=1\frac{2}{5}$$

1만큼을 가분수로 바꾸기

방법 **2** 가분수로 바꾸어 뺍니다.

$$3-1\frac{3}{5}=\frac{15}{5}-\frac{8}{5}=\frac{7}{5}=1\frac{2}{5}$$

6 **분수의 뺄셈** (4)

- 진분수 부분끼리 뺄 수 없는 (대분수)−(대분수)

예 $3\frac{1}{4}-1\frac{3}{4}$의 계산

방법 **1** 빼어지는 수의 자연수 부분에서 1만큼을 가분수로 바꾸어 뺍니다.

$$3\frac{1}{4}-1\frac{3}{4}=2\frac{5}{4}-1\frac{3}{4}=1\frac{2}{4}$$

방법 **2** 대분수를 가분수로 바꾸어 뺍니다.

$$3\frac{1}{4}-1\frac{3}{4}=\frac{13}{4}-\frac{7}{4}=\frac{6}{4}=1\frac{2}{4}$$

개념 PLUS

∗ $2\frac{3}{4}-2\frac{2}{4}$의 계산

$$2\frac{3}{4}-2\frac{2}{4}$$
$$=(2-2)+\left(\frac{3}{4}-\frac{2}{4}\right)$$
$$=0+\frac{1}{4}$$
$$=\frac{1}{4}$$

주의 자연수 부분끼리 뺀 값이 0인 경우 $0\frac{1}{4}$로 쓰지 않습니다.

개념 PLUS

- 자연수에서 1만큼을 가분수로 바꿀 때에는 분모를 빼는 분수의 분모와 같게 바꿉니다.

개념 PLUS

∗ $3\frac{1}{4}-1\frac{3}{4}$의 계산

$\frac{1}{4}$에서 $\frac{3}{4}$을 뺄 수 없기 때문에 3에서 1만큼을 $\frac{4}{4}$로 빌려 옵니다.

➡ $3\frac{1}{4}$을 $2\frac{5}{4}$로 바꾸어 자연수 부분끼리 빼고, 분수 부분끼리 뺍니다.

1
단원

분수의 덧셈과 뺄셈

1 $3 - 1\frac{3}{4}$을 계산하려고 합니다. 그림에 $1\frac{3}{4}$만큼 ×표 하고, 계산한 값을 구하세요.

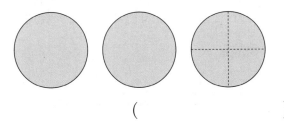

(   )

2 보기와 같은 방법으로 계산하세요.

보기
$$3\frac{5}{6} - 1\frac{4}{6} = \frac{23}{6} - \frac{10}{6} = \frac{13}{6} = 2\frac{1}{6}$$

$4\frac{2}{5} - 1\frac{1}{5} = $ _____

3 계산 결과를 찾아 이어 보세요.

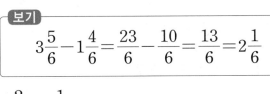

$4 - \frac{3}{7}$ ·

$5\frac{2}{7} - 1\frac{4}{7}$ ·

· $3\frac{6}{7}$

· $3\frac{5}{7}$

· $3\frac{4}{7}$

4 계산 결과가 1과 2 사이인 뺄셈식을 찾아 기호를 쓰세요.

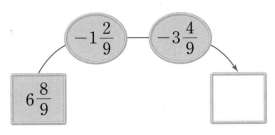

ㄱ $5 - 2\frac{1}{5}$ ㄴ $6 - 4\frac{3}{5}$

(   )

5 빈칸에 알맞은 수를 써넣으세요.

$6\frac{8}{9}$ → $-1\frac{2}{9}$ → $-3\frac{4}{9}$ → ☐

6 쌀가루가 $3\frac{5}{6}$ kg 있습니다. 떡 케이크 한 개를 만드는 데 쌀가루가 $1\frac{2}{6}$ kg 필요할 때 만들 수 있는 떡 케이크는 모두 몇 개이고, 남는 쌀가루는 몇 kg인지 차례로 구하세요.

(   ), (   )

7 7에서 어떤 대분수를 빼면 $4\frac{1}{3}$이 됩니다. 어떤 대분수를 구하세요.

(   )

1 (진분수)+(진분수)

덧셈을 수직선으로 나타내려면 더하는 수만큼 오른쪽으로 갑니다.

예시 $\dfrac{4}{7}+\dfrac{5}{7}$를 수직선에 나타내기

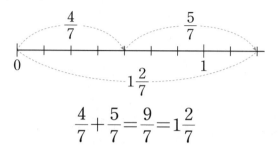

$$\dfrac{4}{7}+\dfrac{5}{7}=\dfrac{9}{7}=1\dfrac{2}{7}$$

1 개념 플러스 문제

$\dfrac{4}{5}+\dfrac{3}{5}$을 수직선에 나타내고, 계산한 값을 구하세요.

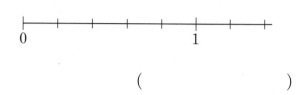

(   )

2 (진분수)−(진분수)

주어진 수보다 ▲만큼 더 작은 수는 뺄셈을 이용하여 구합니다.

예시 $\dfrac{4}{5}$보다 $\dfrac{1}{5}$만큼 더 작은 수 ➔ $\dfrac{4}{5}-\dfrac{1}{5}=\dfrac{3}{5}$

2 개념 플러스 문제

다음이 설명하는 수를 구하세요.

> $\dfrac{7}{8}$보다 $\dfrac{2}{8}$만큼 더 작은 수

(   )

3 (대분수)+(대분수)

사용하기 전 처음의 양을 구하려면 덧셈을 이용합니다.

Check Point
> (사용하기 전 처음의 양)=(사용한 양)+(남은 양)

예시 끈을 $1\dfrac{1}{3}$ m 사용했더니 $2\dfrac{1}{3}$ m가 남았습니다.

사용하기 전 끈의 길이는 몇 m인지 구하세요.

➔ (사용하기 전 끈의 길이)
　=(사용한 끈의 길이)+(남은 끈의 길이)
　=$1\dfrac{1}{3}+2\dfrac{1}{3}=3\dfrac{2}{3}$ (m)

3 개념 플러스 문제

철우가 미술 시간에 찰흙을 $2\dfrac{1}{4}$ kg 사용했더니 $1\dfrac{2}{4}$ kg이 남았습니다. 사용하기 전 찰흙의 양은 몇 kg인지 구하세요.

식 _____

답 _____

4 진분수 부분끼리 뺄 수 있는 (대분수)−(대분수)

심화개념 Check Point

(빼어지는 수)−(빼는 수)=(계산 결과)

➡ (빼는 수)=(빼어지는 수)−(계산 결과)

예시 $7\frac{4}{5}-\square=3\frac{1}{5}$

➡ $\square=7\frac{4}{5}-3\frac{1}{5}$, $\square=4\frac{3}{5}$

4 개념 플러스 문제

▲에 알맞은 수를 구하려고 합니다. □ 안에 알맞은 수를 써넣으세요.

$$4\frac{5}{6}-▲=2\frac{4}{6}$$

▲=□−□ ➡ ▲=□

---

5 (자연수)−(분수)

자연수에서 1만큼을 가분수로 바꾸어 뺄 수 있는 분수로 바꿉니다.

예시 $4-1\frac{1}{2}=3\frac{2}{2}-1\frac{1}{2}=2\frac{1}{2}$

분모가 같게 바꿉니다.

5 개념 플러스 문제

계산이 잘못된 곳을 찾아 바르게 계산하세요.

$$5-2\frac{4}{7}=5\frac{7}{7}-2\frac{4}{7}=3\frac{3}{7}$$

$5-2\frac{4}{7}=$ _____

---

6 진분수 부분끼리 뺄 수 없는 (대분수)−(대분수)

어느 것이 얼마만큼 더 많은지 구하기
① 두 수의 크기 비교하기
② 큰 수에서 작은 수를 빼기

예시 쌀이 $2\frac{3}{7}$ kg, 보리가 $1\frac{5}{7}$ kg 있습니다. 쌀과 보리 중 어느 것이 몇 kg 더 많은지 구하세요.

➡ $2\frac{3}{7}>1\frac{5}{7}$ → $2\frac{3}{7}-1\frac{5}{7}=\frac{5}{7}$ (kg)

따라서 쌀이 $\frac{5}{7}$ kg 더 많습니다.

6 개념 플러스 문제

우유가 $4\frac{5}{9}$ L, 물이 $1\frac{7}{9}$ L 있습니다. 우유와 물 중 어느 것이 몇 L 더 많은지 차례로 구하세요.

식 _____

답 _____, _____

1

단원

분수의 덧셈과 뺄셈

STEP **2** | 하이레벨 탐구   High Level

대표 유형 **1** 창의·융합형 문제

경수는 무가 싹이 난 후 키가 $\frac{3}{5}$ cm일 때부터 매일 오전 9시에 키를 재어 관찰일지를 작성하였습니다. 이 무가 일정한 빠르기로 계속 자란다면 4일 오전 9시에 키는 몇 cm가 되겠는지 구하세요.

무의 키

날짜	1일	2일	3일	4일
키(cm)	$\frac{3}{5}$	1	$1\frac{2}{5}$	

문제해결 Key

무가 하루에 자라는 키를 구하여 4일 오전 9시에 무의 키를 구합니다.

(1) 하루 동안 자라는 무의 키는 몇 cm일까요?

(   )

(2) 4일 오전 9시에 무의 키는 몇 cm가 되겠는지 구하세요.

(   )

체크 **1-1** 나래는 식물의 새싹이 나고 키가 $5\frac{1}{9}$ cm일 때부터 매일 오전 7시에 키를 재어 관찰일지를 작성하였습니다. 이 식물이 일정한 빠르기로 계속 자란다면 4일 오전 7시에 키는 몇 cm가 되겠는지 풀이 과정을 쓰고 답을 구하세요. 5점

식물의 키

날짜	1일	2일	3일	4일
키(cm)	$5\frac{1}{9}$	$5\frac{3}{9}$	$5\frac{5}{9}$	

풀이 _____

_____

_____

답 _____

대표 유형 **2** 합과 차가 주어졌을 때 두 진분수를 구하는 문제

분모가 7인 진분수가 2개 있습니다. 합이 $\dfrac{6}{7}$, 차가 $\dfrac{2}{7}$인 두 진분수를 구하세요.

문제해결 Key

분모가 같은 분수끼리의 합과 차는 분모는 그대로 두고 분자끼리 계산을 합니다.

(1) ☐ 안에 알맞은 수를 써넣으세요.

합이 6인 두 수 ➡ (1, ☐), (☐ , 4), (3, ☐)

(2) 위 (1)에서 구한 두 수 중 차가 2인 두 수를 쓰세요.

(   )

(3) 합이 $\dfrac{6}{7}$, 차가 $\dfrac{2}{7}$인 두 진분수를 구하세요.

(   )

체크 2-1 분모가 8인 진분수가 2개 있습니다. 합이 $\dfrac{5}{8}$, 차가 $\dfrac{3}{8}$인 두 진분수를 구하세요.

(   )

체크 2-2 분모가 9인 진분수가 2개 있습니다. 합이 $\dfrac{7}{9}$, 차가 $\dfrac{5}{9}$인 두 진분수를 구하세요.

(   )

대표 유형 3 | 시각을 구하는 문제

하루에 $\dfrac{4}{6}$분씩 늦어지는 시계가 있습니다. 이 시계를 2일 오후 7시에 정확하게 맞추어 놓았다면 이달 8일 오후 7시에 이 시계가 가리키는 시각은 오후 몇 시 몇 분인지 구하세요.

문제해결 Key

■분 늦어진 시계가 가리키는 시각은 {(현재 시각)−■분} 입니다.

(1) 2일 오후 7시부터 8일 오후 7시까지 늦어지는 시간은 몇 분일까요?

(   )

(2) 이달 8일 오후 7시에 이 시계가 가리키는 시각은 오후 몇 시 몇 분일까요?

(   )

체크 3-1 하루에 $\dfrac{3}{4}$분씩 늦어지는 시계가 있습니다. 이 시계를 5일 오전 8시에 정확하게 맞추어 놓았다면 이달 9일 오전 8시에 이 시계가 가리키는 시각은 오전 몇 시 몇 분인지 풀이 과정을 쓰고 답을 구하세요. 5점

풀이 _____

_____

_____

답 _____

체크 3-2 하루에 $\dfrac{2}{5}$분씩 빨라지는 시계가 있습니다. 이 시계를 월요일 오전 9시에 정확하게 맞추어 놓았다면 같은 주 토요일 오전 9시에 이 시계가 가리키는 시각은 오전 몇 시 몇 분일까요?

(   )

대표 유형 4 수직선에서 거리를 구하는 문제

그림을 보고 ㉮에서 ㉲까지의 거리는 몇 km인지 구하세요.

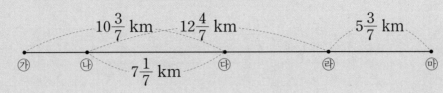

문제해결 Key

$(㉮\sim㉯)$
$=(㉮\sim㉰)-(㉯\sim㉰)$

(1) ㉮에서 ㉯까지의 거리는 몇 km일까요?

( )

(2) ㉮에서 ㉲까지의 거리는 몇 km일까요?

( )

체크 4-1 그림을 보고 가에서 마까지의 거리는 몇 km인지 구하세요.

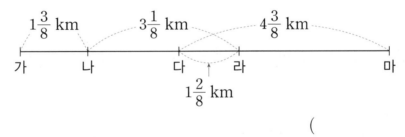

( )

체크 4-2 그림을 보고 ㉡에서 ㉢까지의 거리는 몇 km인지 구하세요.

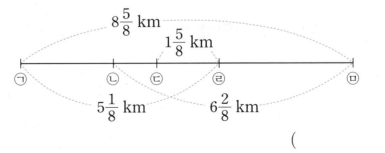

( )

대표 유형 5　대분수의 뺄셈식에서 분자의 합이 가장 클 때의 값을 구하는 문제

대분수로만 만들어진 뺄셈식에서 ㉠＋㉡이 가장 클 때의 값은 얼마인지 구하세요.

$$6\frac{㉠}{7} - 2\frac{㉡}{7} = 4\frac{2}{7}$$

문제해결 Key

받아내림이 없는 대분수의 뺄셈이므로 자연수 부분과 진분수 부분으로 나누어 생각해 봅니다.

(1) ㉠－㉡은 얼마일까요?

（　　　　　　　）

(2) ㉠＋㉡이 가장 크려면 ㉠과 ㉡은 각각 얼마가 되어야 할까요?

㉠ (　　　　　　　), ㉡ (　　　　　　　)

(3) ㉠＋㉡이 가장 클 때의 값은 얼마인지 구하세요.

（　　　　　　　）

체크 5-1　대분수로만 만들어진 뺄셈식에서 ㉠＋㉡이 가장 클 때의 값은 얼마인지 구하세요.

$$5\frac{㉠}{9} - 1\frac{㉡}{9} = 4\frac{3}{9}$$

（　　　　　　　）

체크 5-2　대분수로만 만들어진 뺄셈식에서 ㉠＋㉡이 가장 클 때의 값은 얼마인지 구하세요.

$$6\frac{㉠}{6} - 3\frac{㉡}{6} = 2\frac{4}{6}$$

（　　　　　　　）

대표 유형 6 일을 모두 끝내는 데 걸리는 시간을 구하는 문제

형과 동생이 모내기를 합니다. 형은 하루에 전체의 $\dfrac{3}{25}$만큼을 하고 동생은 하루에 전체의 $\dfrac{2}{25}$만큼을 합니다. 형이 먼저 모내기를 시작하여 형과 동생이 하루씩 번갈아 가며 모내기를 한다면 며칠 만에 끝낼 수 있는지 구하세요. (단, 쉬는 날 없이 모내기를 합니다.)

문제해결 Key

일 전체의 양을 1이라고 할 때 형과 동생이 2일 동안 전체 일의 얼마만큼을 하는지 알아봅니다.

(1) 형과 동생이 모내기를 하루씩 했을 때 2일 동안에 하는 양은 전체의 몇 분의 몇일까요?

(   )

(2) 일 전체의 양을 1이라 할 때 위 (1)에서 답한 수를 몇 번 더하면 1이 될까요?

(   )

(3) 형과 동생이 하루씩 번갈아 가며 모내기를 한다면 며칠 만에 끝낼 수 있는지 구하세요.

(   )

체크6-1 어떤 일을 하는 데 지수는 하루에 전체 일의 $\dfrac{3}{16}$만큼을 하고 현우는 하루에 전체 일의 $\dfrac{1}{16}$만큼을 합니다. 지수가 먼저 일을 시작하여 현우와 하루씩 번갈아 가며 일을 한다면 며칠 만에 끝낼 수 있는지 구하세요. (단, 쉬는 날 없이 일을 합니다.)

(   )

체크6-2 하루에 오이를 지은이는 전체의 $\dfrac{3}{21}$만큼을, 민재는 전체의 $\dfrac{2}{21}$만큼을 땁니다. 지은이가 혼자서 2일 동안 오이를 따고 난 후 나머지는 민재와 함께 땄습니다. 지은이가 오이를 따기 시작한 지 며칠 만에 모두 딸 수 있는지 구하세요. (단, 쉬는 날 없이 오이를 땁니다.)

(   )

1 □ 안에 들어갈 수 있는 자연수 중에서 가장 작은 수를 구하세요.

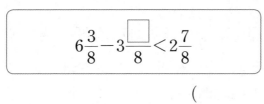

$$6\frac{3}{8} - 3\frac{\square}{8} < 2\frac{7}{8}$$

(   )

◀ □ 안에 들어갈 수 있는 자연수를 구하는 문제

2 윤주가 동화책을 어제는 전체의 $\frac{5}{15}$를 읽었고 오늘은 전체의 $\frac{7}{15}$을 읽었습니다. 어제와 오늘 읽은 동화책의 쪽수가 120쪽이라고 할 때 윤주가 읽고 있는 동화책의 전체 쪽수는 몇 쪽일까요?

(   )

◀ 전체를 1로 생각하여 전체의 양을 구하는 문제

3 하루에 $1\frac{1}{2}$분씩 늦어지는 시계가 있습니다. 이 시계를 3일 오후 3시에 정확하게 맞추어 놓았다면 이달 11일 오후 3시에 이 시계가 가리키는 시각은 오후 몇 시 몇 분인지 구하세요.

(   )

◀ 늦어지는 시계가 가리키는 시각을 구하는 문제

4 1부터 12까지의 수 중에서 5개를 골라 다음과 같은 대분수의 덧셈식을 만들었습니다. 계산 결과가 가장 클 때 덧셈식의 값을 구하세요. (단, 같은 모양은 같은 수를 나타냅니다.)

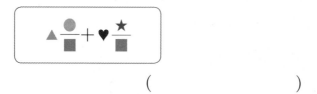

(   )

◀ 계산 결과가 가장 클 때 덧셈식의 값을 구하는 문제

융합형

5 다은이는 오전 11시 10분에 집에서 출발하여 오후 2시 25분에 수목원에 도착하였습니다. 수목원까지 가는 데 지하철을 $1\frac{2}{4}$시간, 버스를 $1\frac{1}{4}$시간 타고 나머지는 모두 걸어서 갔습니다. 다은이가 걸어서 간 시간은 몇 분일까요?

(   )

◀ 시간의 덧셈과 뺄셈을 이용하는 문제

경시문제 유형

6 경미, 선주, 수지가 어떤 일을 함께 하려고 합니다. 하루에 경미는 전체의 $\frac{2}{25}$만큼, 선주는 전체의 $\frac{3}{25}$만큼, 수지는 전체의 $\frac{1}{25}$만큼 일을 합니다. 경미, 선주, 수지가 함께 하루를 일한 후 경미와 선주가 함께 2일 동안 일을 하였습니다. 나머지는 선주 혼자서 한다고 할 때 일을 시작한 지 며칠 만에 끝낼 수 있는지 구하세요. (단, 쉬는 날 없이 일을 합니다.)

(   )

◀ 전체 일의 양을 1로 생각하여 일을 끝낼 수 있는 날수를 구하는 문제

STEP 3 | 하이레벨 심화

1 5장의 수 카드 중에서 3장을 골라 한 번씩만 사용하여 분모가 8인 대분수를 만들려고 합니다. 만들 수 있는 가장 큰 대분수와 가장 작은 대분수의 차를 구하세요.

| 1 | 7 | 8 | 5 | 6 |

(   )

풀이

코딩형

2 두 수를 누른 후 버튼 ♥을 누르면 보기와 같이 누른 두 수의 합이 나옵니다. ㉠＋㉡－㉢의 값을 구하세요.

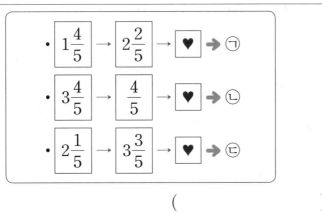

보기

$$\boxed{\dfrac{8}{9}} \rightarrow \boxed{\dfrac{7}{9}} \rightarrow \boxed{♥} \Rightarrow 1\dfrac{6}{9}$$

- $\boxed{1\dfrac{4}{5}} \rightarrow \boxed{2\dfrac{2}{5}} \rightarrow \boxed{♥} \Rightarrow ㉠$
- $\boxed{3\dfrac{4}{5}} \rightarrow \boxed{\dfrac{4}{5}} \rightarrow \boxed{♥} \Rightarrow ㉡$
- $\boxed{2\dfrac{1}{5}} \rightarrow \boxed{3\dfrac{3}{5}} \rightarrow \boxed{♥} \Rightarrow ㉢$

(   )

풀이

3 예주는 빨간색 페인트와 파란색 페인트를 섞어 보라색 페인트 $14\dfrac{8}{15}$ L를 만들었습니다. 파란색 페인트를 빨간색 페인트보다 $6\dfrac{4}{15}$ L 더 적게 섞었다면 보라색을 만드는 데 사용한 빨간색과 파란색 페인트는 각각 몇 L인지 구하세요.

빨간색 (   ), 파란색 (   )

풀이

4 □ 안에 들어갈 수 있는 자연수는 모두 몇 개일까요?

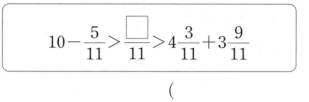
$$10 - \frac{5}{11} > \frac{\square}{11} > 4\frac{3}{11} + 3\frac{9}{11}$$

( )

풀이

창의력

5 다음은 지우가 주사위를 6번 던져서 나온 눈입니다. 지우는 나온 눈의 수를 모두 한 번씩 사용하여 자연수 부분이 한 자리 수이고 분모가 같은 대분수를 2개 만들었습니다. 두 대분수의 차가 가장 클 때의 차를 구하세요.

( )

풀이

---

6 지은이는 미술 시간에 노끈을 사용하여 세로가 $7\frac{9}{18}$ m, 가로는 세로보다 $\frac{11}{18}$ m 더 짧은 직사각형 모양을 1개 만들려고 합니다. 문구점에서 필요한 노끈을 사려면 적어도 몇 m를 사야 할까요? (단, 문구점에서는 노끈을 1 m 단위로만 판다고 합니다.)

( )

풀이

1

단원

분수의 덧셈과 뺄셈

융합형

7 그림과 같이 길이가 $18\frac{5}{12}$ cm인 나무 막대를 물통의 바닥에 닿도록 똑바로 넣었다가 꺼낸 후 다시 거꾸로 물통에 똑바로 넣었다가 꺼냈습니다. 나무 막대의 물에 젖지 않은 부분이 $5\frac{7}{12}$ cm였다면 물의 높이는 몇 cm일까요?

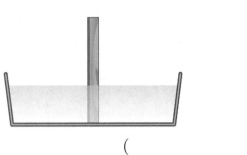

(   )

풀이

8 상자 안에 똑같은 책 6권을 넣고 무게를 재어 보니 $7\frac{5}{6}$ kg이었습니다. 책을 4권 꺼낸 후 다시 무게를 재어 보니 $3\frac{1}{6}$ kg이었습니다. 이 상자 안에 같은 책 한 권만 넣고 무게를 재면 몇 kg이 되겠는지 구하세요.

(   )

풀이

9 길이가 28 cm인 양초가 있습니다. 이 양초에 불을 붙이고 15분 후에 양초의 길이를 재었더니 $23\frac{3}{8}$ cm였습니다. 양초가 일정한 빠르기로 탄다면 똑같은 새 양초에 불을 붙이고 나서 1시간 후 남은 양초의 길이는 몇 cm일까요?

(   )

풀이

10 물이 일정하게 나오는 ㉮, ㉯ 수도꼭지를 사용하여 물통에 물을 받으려고 합니다. 물이 ㉮ 수도꼭지에서는 $\frac{1}{4}$시간에 $10\frac{1}{6}$ L씩 나오고, ㉯ 수도꼭지에서는 $\frac{1}{3}$시간에 $15\frac{2}{6}$ L씩 나옵니다. 두 수도꼭지를 동시에 틀어서 1시간 동안 받을 수 있는 물의 양은 모두 몇 L일까요?

(   )

풀이

11 분모가 9인 세 대분수 ㉮, ㉯, ㉰가 있습니다. ㉮와 ㉯의 합은 $5\frac{4}{9}$이고, ㉯와 ㉰의 합은 $11\frac{3}{9}$입니다. 세 대분수 ㉮, ㉯, ㉰의 합이 15일 때 ㉯는 얼마인지 구하세요.

(   )

풀이

12 분모가 17인 세 분수 ㉮, ㉯, ㉰가 있습니다. 세 분수의 합은 $14\frac{3}{17}$이고 ㉯는 ㉮의 2배이며 ㉰는 ㉮보다 $4\frac{3}{17}$ 작습니다. 세 분수 ㉮, ㉯, ㉰를 각각 구하세요. (단, ㉮, ㉯, ㉰는 대분수 또는 진분수입니다.)

㉮ (   )
㉯ (   )
㉰ (   )

풀이

13 ★은 모두 같은 수입니다. ★에 알맞은 수를 구하세요.

$$\frac{1}{\bigstar} + \frac{2}{\bigstar} + \frac{3}{\bigstar} + \cdots\cdots + \frac{\bigstar-2}{\bigstar} + \frac{\bigstar-1}{\bigstar} = 30$$

(   )

풀이

14 다음과 같이 수를 규칙적으로 늘어놓을 때 48번째 수와 79번째 수의 차를 구하세요.

$$1,\ 2,\ 1\frac{1}{2},\ 3,\ 2\frac{2}{3},\ 2\frac{1}{3},\ 4,\ 3\frac{3}{4},\ 3\frac{2}{4},\ 3\frac{1}{4},\ 5,\ 4\frac{4}{5},\ 4\frac{3}{5} \cdots\cdots$$

(   )

풀이

토론 발표 브레인스토밍

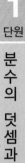

1 일정한 규칙에 따라 10개의 분수를 다음과 같이 늘어놓았습니다. 늘어놓은 10개의 분수의 합을 구하세요.

$$1\frac{1}{30},\ 3\frac{4}{30},\ 5\frac{7}{30}\cdots\cdots,\ 17\frac{25}{30},\ 19\frac{28}{30}$$

풀이

답 _____

2 준호의 몸무게는 우영이보다 $3\frac{7}{10}$ kg 더 무겁고 우영이의 몸무게는 재범이보다 $1\frac{2}{10}$ kg 더 무겁습니다. 준호와 재범이의 몸무게의 합이 $50\frac{8}{10}$ kg이라면 우영이의 몸무게의 2배는 몇 kg인지 구하세요.

풀이

답 _____

경시대회 본선 기출문제

3 바닥이 평평한 연못에 길이가 각각 다른 세 막대 가, 나, 다를 바닥에 닿게 똑바로 세웠더니 가는 전체의 $\frac{1}{3}$만큼, 나는 전체의 $\frac{1}{5}$만큼, 다는 전체의 $\frac{1}{7}$만큼 물에 잠겼습니다. 세 막대의 길이의 합이 $21\frac{3}{7}$ m일 때 연못의 깊이는 몇 m인지 구하세요.

풀이

답

4 하루에 $1\frac{5}{6}$분씩 빠르게 가는 고장난 시계가 있습니다. 이 시계를 10일 낮 12시에 정확한 시계의 시각보다 7분 늦게 맞추어 놓았습니다. 13일 낮 12시에 이 고장난 시계가 가리키는 시각은 오전 몇 시 몇 분 몇 초인지 구하세요.

풀이

답

생각의 힘

모르스 부호에 대해 들어본 적이 있나요?

모르스 부호는 점(·)과 선(─)으로 이루어진 메시지 전달용 부호예요.

미국인 모르스에 의해 만들어졌기 때문에 모르스 부호라는 이름이 생겼답니다.

모르스 부호는 통신 기술이 지금과 같이 발전하기 전 전기 신호로만 메시지를 전달하기 위해 만들어졌죠.

모르스 부호에 규칙이 있어.

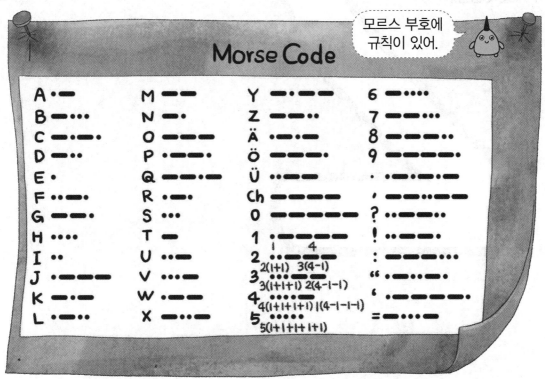

모르스 부호의 규칙을 살펴보면 숫자 1은 짧은 음(·) 1번, 긴 음(─) 4번, 숫자 2는 짧은 음 (1+1)번, 긴 음 (4−1)번, 숫자 3은 짧은 음 (1+1+1)번, 긴 음 (4−1−1)번이에요.

현재 모르스 부호는 거의 다른 통신 수단으로 대체되었지만 선박에서는 지금도 가끔 사용되고 있어요.

유명한 SOS 신호는 조난되었을 때 구조를 요청하는 신호로 모르스 부호로 짧은 음 3번, 휴식, 긴 음 3번, 휴식, 짧은 음 3번 (···───···)이에요.

| SOS | → | ···───··· |

2

삼각형

— 단원의 흐름

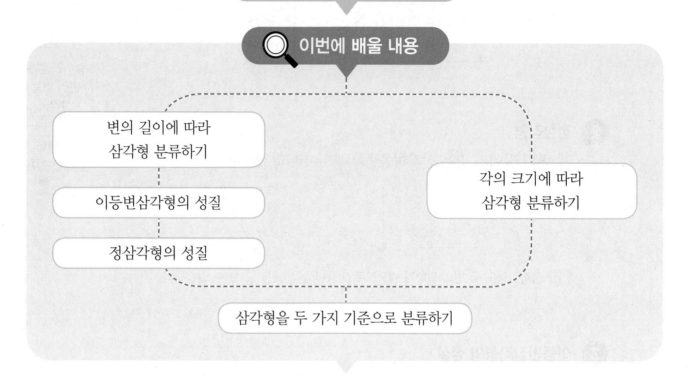

이전에 배운 내용 　[4-1] 각도

이번에 배울 내용

변의 길이에 따라
삼각형 분류하기

이등변삼각형의 성질

정삼각형의 성질

각의 크기에 따라
삼각형 분류하기

삼각형을 두 가지 기준으로 분류하기

다음에 배울 내용 　[4-2] 사각형, 다각형

— 꼭! 알아야 할 대표 유형

유형 **1**　삼각형의 이름을 구하는 문제

유형 **2**　창의 · 융합형 문제

유형 **3**　크고 작은 삼각형을 찾는 문제

유형 **4**　이등변삼각형에서 나머지 두 변의 길이가 될 수 있는 것을 구하는 문제

유형 **5**　이등변삼각형의 성질을 이용하는 문제

유형 **6**　사각형의 네 변의 길이의 합을 구하는 문제

1 이등변삼각형

두 변의 길이가 같은 삼각형을 이등변삼각형이라고 합니다.

2 정삼각형

세 변의 길이가 같은 삼각형을 정삼각형이라고 합니다.

참고 정삼각형도 두 변의 길이가 같으므로 이등변삼각형이라고 할 수 있습니다.

3 이등변삼각형의 성질

이등변삼각형은
① 두 변의 길이가 같습니다.
② 길이가 같은 두 변에 있는 두 각의 크기가 같습니다.

 길이가 같은 두 변에 있는 두 각의 크기가 같아요.

• 각도기를 이용하여 두 각의 크기가 70°인 이등변삼각형 그리기

• 자를 이용하여 두 변의 길이가 5 cm인 이등변삼각형 그리기

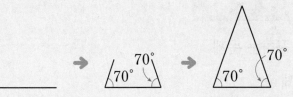

개념 PLUS ➕

＊ 삼각형을 변의 길이에 따라 분류하기

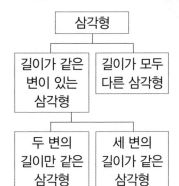

개념 PLUS ➕

＊ 색종이로 이등변삼각형 만들기

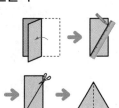

[1~2] 그림을 보고 물음에 답하세요.

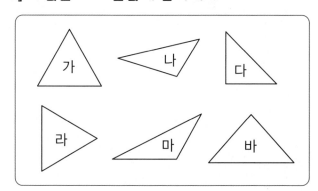

1 이등변삼각형을 모두 찾아 기호를 쓰세요.

( )

2 정삼각형을 모두 찾아 기호를 쓰세요.

( )

3 정삼각형입니다. □ 안에 알맞은 수를 써넣으세요.

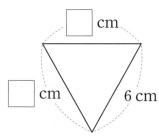

4 ㉠의 크기는 몇 도일까요?

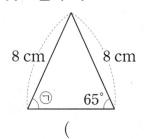

( )

5 주어진 선분을 한 변으로 하는 이등변삼각형을 그려 보세요.

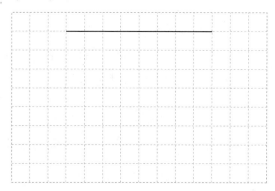

창의 · 융합

6 다음과 같이 직사각형 모양의 종이를 반으로 접고 점선을 따라 잘라서 펼쳤습니다. 삼각형 ㄱㄴㄷ 은 정삼각형인지 이등변삼각형인지 쓰세요.

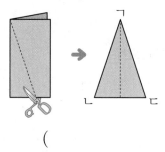

( )

7 이등변삼각형입니다. □ 안에 알맞은 수를 써넣으세요.

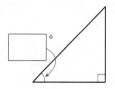

2

단원

삼각형

4 정삼각형의 성질

> 정삼각형은
> ① 세 변의 길이가 같습니다.
> ② 세 각의 크기가 같습니다.

정삼각형의 한 각의 크기는
60°예요.

개념 PLUS ⊕

· 각도기를 이용하여 세 각의 크기가 60°인 정삼각형 그리기

·두 각을 60°가 되게 삼각형
을 그리면 나머지 한 각의
크기도
$180° - 60° - 60° = 60°$가
됩니다.

· 컴퍼스를 이용하여 정삼각형 그리기

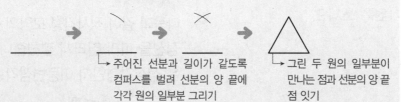

└→ 주어진 선분과 길이가 같도록
컴퍼스를 벌려 선분의 양 끝에
각각 원의 일부분 그리기

└→ 그린 두 원의 일부분이
만나는 점과 선분의 양 끝
점 잇기

5 예각삼각형

┌→ 각도가 0°보다 크고 직각보다 작은 각
세 각이 모두 예각인 삼각형을 **예각삼각형**이라고 합니다.

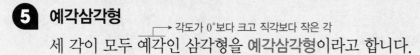

개념 PLUS ⊕

＊ **삼각형을 각의 크기에 따라
분류하기**

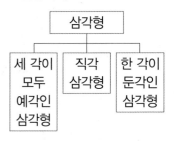

6 둔각삼각형

┌→ 각도가 직각보다 크고 180°보다 작은 각
한 각이 둔각인 삼각형을 **둔각삼각형**이라고 합니다.

7 삼각형을 두 가지 기준으로 분류하기

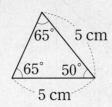

(1) 변의 길이에 따라 분류: 이등변삼각형
(2) 각의 크기에 따라 분류: 예각삼각형

개념 PLUS ⊕

예

➡ 이등변삼각형이면서
둔각삼각형입니다.

1 정삼각형입니다. ㉠과 ㉡의 크기는 각각 몇 도 인지 쓰세요.

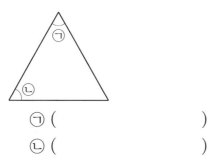

㉠ (   )

㉡ (   )

[2~3] 그림을 보고 물음에 답하세요.

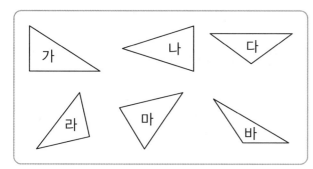

2 예각삼각형을 모두 찾아 기호를 쓰세요.

(   )

3 둔각삼각형을 모두 찾아 기호를 쓰세요.

(   )

4 직사각형 모양의 종이를 점선을 따라 모두 자르려고 합니다. 잘랐을 때 만들어지는 도형이 둔각삼각형인 것을 모두 찾아 기호를 쓰세요.

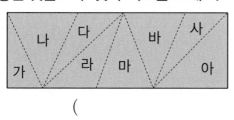

(   )

5 각도기와 자를 이용하여 선분 ㄱㄴ을 한 변으로 하는 정삼각형을 그려 보세요.

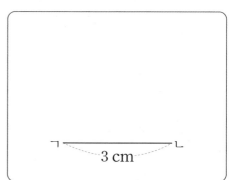

6 세 각 중 두 각의 크기가 다음과 같은 삼각형은 예각삼각형인지, 둔각삼각형인지 쓰세요.

75°,   40°

(   )

창의 · 융합

7 삼각형을 분류하여 빈칸에 알맞은 기호를 써넣으세요.

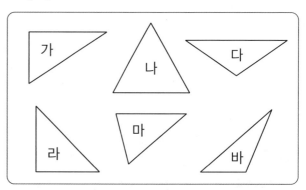

	이등변삼각형	세 변의 길이가 모두 다른 삼각형
예각삼각형		
둔각삼각형		
직각삼각형		

1 이등변삼각형과 정삼각형

삼각형의 세 변의 길이를 보고 어떤 삼각형인지 알아보기

(1) 두 변의 길이가 같습니다. ➡ 이등변삼각형

(2) 세 변의 길이가 같습니다. ➡ 정삼각형

 세 변의 길이가 4 cm, 4 cm, 4 cm인 삼각형

➡ 정삼각형

> 정삼각형은 두 변의 길이가 같기 때문에 이등변삼각형이라고도 할 수 있어.

1 개념 플러스 문제

삼각형의 세 변의 길이입니다. 이 삼각형의 이름을 쓰세요.

| 5 cm,　9 cm,　5 cm |

(　　　　　　　　)

2 이등변삼각형의 성질

Check Point
이등변삼각형에서 길이가 같은 두 변과 함께 하는 두 각의 크기는 같습니다.

➡ 삼각형의 세 각의 크기의 합: 180°

㉠+65°+65°=180°,

㉠=50°

2 개념 플러스 문제

이등변삼각형입니다. ㉠의 크기는 몇 도인지 구하세요.

(1) ㉡의 크기는 몇 도일까요?

(　　　　　　　　)

(2) ㉠의 크기는 몇 도일까요?

(　　　　　　　　)

3 정삼각형의 성질

Check Point
정삼각형은 세 변의 길이가 같고, 세 각의 크기가 같습니다.

참고 삼각형의 세 각의 크기의 합은 180°입니다.
정삼각형은 세 각의 크기가 모두 같으므로 한 각의 크기는 180°÷3=60°입니다.

3 개념 플러스 문제

정삼각형입니다. 이 정삼각형의 세 변의 길이의 합은 몇 cm인지 구하세요.

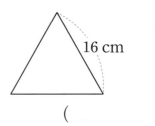

(　　　　　　　　)

4 예각삼각형과 둔각삼각형

- 두 각이 주어진 삼각형의 이름 알아보기
  ① 나머지 한 각의 크기 구하기
  ② 삼각형의 이름 알아보기

예시▶ 두 각의 크기가 30°, 50°인 삼각형의 이름 알아보기
  ① (나머지 한 각의 크기)＝180°－30°－50°
                              ＝100°
  ② 30°, 50°, 100° ➡ 둔각삼각형
       └→ 한 각이 둔각

상위개념 한 각이 직각이고, 직각을 사이에 둔 두 변의 길이가 같은 삼각형을 직각이등변삼각형이라고 합니다.

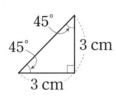
45°
45°
3 cm
3 cm

4 개념 플러스 문제

오른쪽 삼각형은 예각삼각형인지, 둔각삼각형인지 알아보세요.

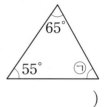
65°
55°
㉠

(1) ㉠의 크기는 몇 도일까요?

(   )

(2) 위 삼각형은 예각삼각형일까요, 둔각삼각형일까요?

(   )

5 크고 작은 삼각형 찾기

주어진 도형에서 찾을 수 있는 삼각형들을 모두 찾아 개수를 더합니다.

Check Point
- 삼각형을 각의 크기에 따라 분류하기
  ① 예각삼각형: 세 각이 모두 예각인 삼각형
  ② 둔각삼각형: 한 각이 둔각인 삼각형

예시▶ 찾을 수 있는 크고 작은 예각삼각형의 개수

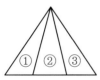
① ② ③

┌작은 삼각형 1개짜리: ② → 1개
├작은 삼각형 2개짜리: ①＋②, ②＋③ → 2개
└작은 삼각형 3개짜리: ①＋②＋③ → 1개
➡ 1＋2＋1＝4(개)

5 개념 플러스 문제

다음 그림에서 찾을 수 있는 크고 작은 예각삼각형은 모두 몇 개일까요?

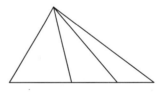

(1) 작은 삼각형 1개짜리에서 찾을 수 있는 예각삼각형은 몇 개일까요?

(   )

(2) 작은 삼각형 2개짜리, 3개짜리에서 찾을 수 있는 예각삼각형은 각각 몇 개일까요?
       2개짜리 (   )
       3개짜리 (   )

(3) 위 그림에서 찾을 수 있는 크고 작은 예각삼각형은 모두 몇 개일까요?

(   )

2
단원

삼
각
형

STEP 2 하이레벨 탐구

대표 유형 1 삼각형의 이름을 구하는 문제

삼각형의 일부가 지워졌습니다. 이 삼각형은 어떤 삼각형인지 쓰세요.

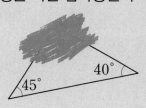

문제해결 Key

삼각형의 세 각의 크기의 합은 180°임을 이용하여 지워진 부분의 각의 크기를 구합니다.

(1) 지워진 부분의 각의 크기는 몇 도인지 구하세요.

(   )

(2) 이 삼각형은 어떤 삼각형인지 쓰세요.

(   )

체크 1-1 삼각형의 일부가 지워졌습니다. 이 삼각형은 어떤 삼각형인지 쓰세요.

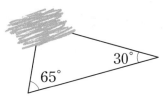

(   )

체크 1-2 삼각형의 일부가 지워졌습니다. 이 삼각형은 어떤 삼각형인지 쓰세요.

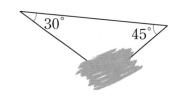

(   )

대표 유형 **2** 창의·융합형 문제

빛을 프리즘을 통과시켜 분산시키면 다양한 빛이 나타납니다. 프리즘을 위에서 본 모양이 이등변삼각형일 때 ㉠의 크기는 몇 도인지 구하세요.

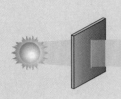  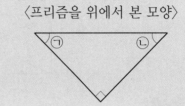

〈프리즘을 위에서 본 모양〉

문제해결 Key

이등변삼각형에서 길이가 같은 두 변과 함께 하는 두 각의 크기는 같습니다.

(1) ㉠과 ㉡의 각도는 같을까요, 다를까요?

(　　　　　　)

(2) ㉠은 몇 도인지 구하세요.

(　　　　　　)

2 단원

삼각형

체크 2-1

미국 뉴욕에 있는 플랫아이언 빌딩을 위에서 보면 이등변삼각형 모양입니다. 지석이가 이 빌딩을 위에서 본 모양을 그렸습니다. ㉠의 각도는 몇 도인지 풀이 과정을 쓰고 답을 구하세요. [5점]

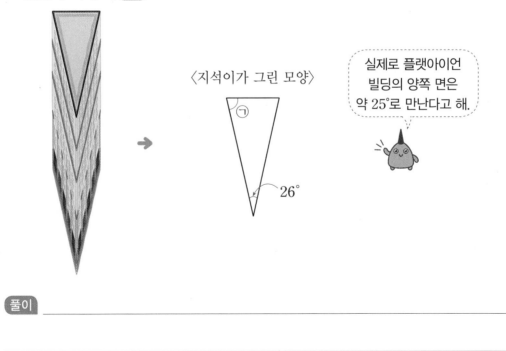

〈지석이가 그린 모양〉

실제로 플랫아이언 빌딩의 양쪽 면은 약 25°로 만난다고 해.

26°

풀이 _____

_____

_____

답 _____

대표 유형 **3** 크고 작은 삼각형을 찾는 문제

그림에서 찾을 수 있는 크고 작은 둔각삼각형은 모두 몇 개일까요?

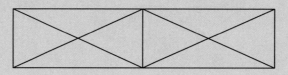

문제해결 Key

작은 삼각형 1개짜리, 작은 삼각형 4개짜리로 나누어 찾을 수 있는 크고 작은 둔각삼각형을 모두 찾아세어 봅니다.

(1) 작은 삼각형 1개짜리에서 찾을 수 있는 둔각삼각형은 모두 몇 개일까요?

(   )

(2) 작은 삼각형 4개짜리에서 찾을 수 있는 둔각삼각형은 모두 몇 개일까요?

(   )

(3) 위 그림에서 찾을 수 있는 크고 작은 둔각삼각형은 모두 몇 개일까요?

(   )

체크 3-1 오른쪽 그림에서 찾을 수 있는 크고 작은 정삼각형은 모두 몇 개일까요?

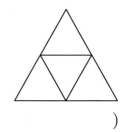

(   )

체크 3-2 오른쪽 그림에서 찾을 수 있는 크고 작은 예각삼각형은 모두 몇 개일까요?

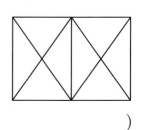

(   )

대표 유형 4 이등변삼각형에서 나머지 두 변의 길이가 될 수 있는 것을 구하는 문제

세 변의 길이의 합이 16 cm인 이등변삼각형이 있습니다. 한 변의 길이가 6 cm일 때 나머지 두 변의 길이가 될 수 있는 것을 모두 구하세요.

문제해결 Key

이등변삼각형의 세 변의 길이가 될 수 있는 경우
① 6 cm, 6 cm, ■ cm
② 6 cm, ▲ cm, ▲ cm

(1) 이등변삼각형에서 길이가 같은 두 변 중 한 변의 길이가 6 cm일 때 세 변의 길이를 구하여 □ 안에 알맞은 수를 써넣으세요.

6 cm, ☐ cm, ☐ cm

(2) 이등변삼각형에서 길이가 같지 않은 한 변의 길이가 6 cm일 때 세 변의 길이를 구하여 □ 안에 알맞은 수를 써넣으세요.

6 cm, ☐ cm, ☐ cm

체크 4-1

세 변의 길이의 합이 19 cm인 이등변삼각형이 있습니다. 한 변의 길이가 7 cm일 때 나머지 두 변의 길이가 될 수 있는 것을 모두 구하세요.

(☐ cm, ☐ cm), (☐ cm, ☐ cm)

체크 4-2

세 변의 길이의 합이 17 cm인 이등변삼각형이 있습니다. 한 변의 길이가 5 cm일 때 나머지 두 변의 길이가 될 수 있는 것을 모두 구하는 풀이 과정을 쓰고 답을 구하세요. 5점

풀이 _____

_____

_____

_____

답 (____ , ____), (____ , ____)

대표 유형 5 | 이등변삼각형의 성질을 이용하는 문제

오른쪽 그림에서 삼각형 ㄱㄴㄷ과 삼각형 ㄹㄴㄷ은 이등변삼각형입니다.
각 ㄱㄴㄹ의 크기는 몇 도일까요?

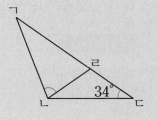

문제해결 Key

이등변삼각형은 두 각의 크기가 같습니다.

(1) 각 ㄴㄱㄹ과 각 ㄹㄴㄷ의 크기는 몇 도인지 차례로 쓰세요.

( ), ( )

(2) 각 ㄱㄴㄷ의 크기는 몇 도일까요?

( )

(3) 각 ㄱㄴㄹ의 크기는 몇 도일까요?

( )

체크 5-1

오른쪽 그림에서 삼각형 ㄱㄷㄹ과 삼각형 ㄴㄷㄹ은 이등변삼각형입니다. 각 ㄱㄹㄴ의 크기는 몇 도인지 구하세요.

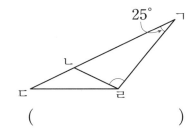

( )

체크 5-2

오른쪽 그림에서 선분 ㄱㄷ과 선분 ㄴㄷ의 길이가 같고 선분 ㄹㄱ과 선분 ㄹㄷ의 길이가 같을 때 각 ㄴㄱㄹ의 크기는 몇 도인지 구하세요.

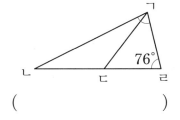

( )

대표 유형 **6** 사각형의 네 변의 길이의 합을 구하는 문제

오른쪽 그림은 이등변삼각형 ㄱㄴㄷ의 변 ㄱㄷ과 정삼각형 ㄱㄷㄹ의 변 ㄱㄷ이 맞닿도록 이어 붙인 것입니다. 삼각형 ㄱㄴㄷ의 세 변의 길이의 합이 39 cm일 때 사각형 ㄱㄴㄷㄹ의 네 변의 길이의 합은 몇 cm인지 구하세요.

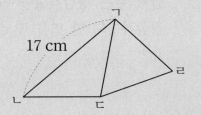

문제해결 Key

이등변삼각형은 두 변의 길이가 같고 정삼각형은 세 변의 길이가 같습니다.

(1) 변 ㄴㄷ의 길이는 몇 cm일까요?

(   )

(2) 변 ㄷㄹ과 변 ㄱㄹ의 길이는 각각 몇 cm인지 차례로 쓰세요.

(   ), (   )

(3) 사각형 ㄱㄴㄷㄹ의 네 변의 길이의 합은 몇 cm인지 구하세요.

(   )

2 단원

삼각형

체크6-1

오른쪽 그림은 정삼각형 ㄱㄴㄹ과 이등변삼각형 ㄴㄷㄹ을 겹치지 않게 이어 붙인 것입니다. 삼각형 ㄴㄷㄹ의 세 변의 길이의 합이 40 cm일 때 사각형 ㄱㄴㄷㄹ의 네 변의 길이의 합은 몇 cm인지 구하세요.

(   )

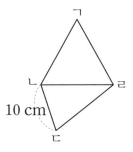

체크6-2

오른쪽 그림은 정사각형 ㄱㄴㄷㄹ과 이등변삼각형 ㄹㄷㅁ을 겹치지 않게 이어 붙인 것입니다. 삼각형 ㄹㄷㅁ의 세 변의 길이의 합이 48 cm일 때 정사각형 ㄱㄴㄷㄹ의 네 변의 길이의 합은 몇 cm인지 구하세요.

(   )

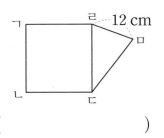

1 오른쪽 이등변삼각형과 세 변의 길이의 합이 같은 정삼각형을 만들려고 합니다. 정삼각형의 한 변을 몇 cm로 해야 할까요?

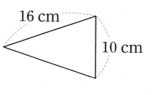

◀ 이등변삼각형의 세 변의 길이의 합을 이용하여 정삼각형의 한 변의 길이를 구하는 문제

(   )

2 그림에서 찾을 수 있는 크고 작은 예각삼각형은 모두 몇 개일까요?

◀ 크고 작은 예각삼각형을 모두 찾는 문제

(   )

3 오른쪽 그림과 같이 크기가 같은 원 3개를 원의 중심을 지나도록 겹쳐지게 그렸습니다. 삼각형 ㄱㄴㄷ의 세 변의 길이의 합이 36 cm일 때 한 원의 반지름은 몇 cm일까요? (단, 점 ㄹ, 점 ㅁ, 점 ㅂ은 원의 중심입니다.)

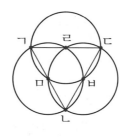

◀ 정삼각형의 성질을 이용하여 원의 반지름을 구하는 문제

(   )

4 오른쪽 도형에서 선분 ㅁㄹ과 선분 ㄷㄹ 의 길이가 같을 때 각 ㄷㄹㅁ의 크기는 몇 도인지 구하세요.

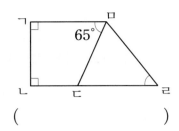

( )

◀ 이등변삼각형의 성질을 이용하여 각의 크기를 구하는 문제

5 오른쪽 그림은 정삼각형 ㄱㄴㄷ의 변 ㄱㄷ과 이등변삼각형 ㄱㄷㄹ의 변 ㄱㄷ이 맞닿도록 이어 붙인 것 입니다. 삼각형 ㄱㄷㄹ의 세 변의 길이의 합이 40 cm일 때 사각형 ㄱㄴㄷㄹ의 네 변의 길이의 합은 몇 cm일까요?

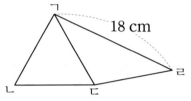

( )

◀ 정삼각형과 이등변삼각형의 성질 을 이용하여 사각형의 네 변의 길이의 합을 구하는 문제

6 그림에서 선분 ㄱㄷ, 선분 ㄴㄷ, 선분 ㄴㄹ, 선분 ㄹㅁ의 길이가 모두 같을 때 각 ㅁㄹㄴ의 크기는 몇 도인지 구하세요.

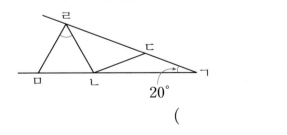

( )

◀ 이등변삼각형의 성질을 이용하여 각의 크기를 구하는 문제

2 단원

삼각형

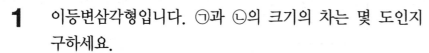
1 이등변삼각형입니다. ㉠과 ㉡의 크기의 차는 몇 도인지 구하세요.

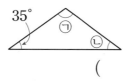

(   )

풀이

2 오른쪽 사각형 ㄱㄴㄷㄹ은 직사각형이고 선분 ㅁㄴ과 선분 ㅁㄷ의 길이가 같습니다. 각 ㅁㄴㄱ의 크기는 몇 도인지 구하세요.

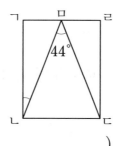

(   )

풀이

3 그림에서 선분 ㄹㄷ과 선분 ㅁㄹ의 길이가 같을 때 각 ㅁㄹㄷ의 크기는 몇 도인지 구하세요.

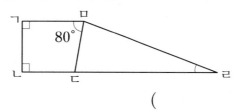

(   )

풀이

4 다음 도형은 정삼각형 5개를 겹치는 부분 없이 이어 붙여 만든 사각형입니다. 만든 사각형의 네 변의 길이의 합은 정삼각형 한 개의 세 변의 길이의 합보다 28 cm 더 길다고 합니다. 정삼각형의 한 변은 몇 cm일까요?

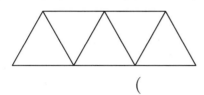

(   )

풀이

5 오른쪽 그림은 예각삼각형 3개를 겹쳐 놓은 것입니다. 이 도형 안에서 찾을 수 있는 예각은 모두 몇 개일까요?

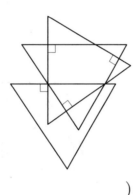

(   )

풀이

6 일직선 위에 삼각형 ㄱㄴㄷ과 삼각형 ㅁㄷㄹ이 놓여 있습니다. 삼각형 ㄷㄹㅁ은 이등변삼각형일 때 각 ㄱㄷㅁ의 크기는 몇 도인지 구하세요.

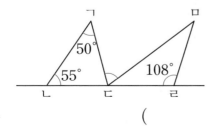

(   )

풀이

7 그림과 같이 규칙에 따라 반지름이 3 cm인 원들을 나열
하였습니다. 바깥쪽의 원의 중심들을 연결하여 정삼각형
을 만들 때 20번째에 만든 정삼각형의 세 변의 길이의 합
은 몇 cm일까요?

풀이

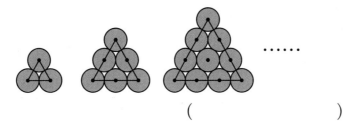

(　　　　　　)

경시문제 유형

8 오른쪽 그림은 정사각형 모양의 종
이를 접은 것입니다. ㉠의 크기는 몇
도인지 구하세요.

(　　　　　　)

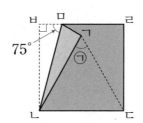

풀이

창의력

9 승우는 모양과 크기가 같은 이등변
삼각형 모양 조각 3개를 오른쪽 그
림과 같이 한 꼭짓점이 일치하도록
겹쳐서 붙였습니다. 각 ㅁㄴㅂ의
크기는 몇 도인지 구하세요.

(　　　　　　)

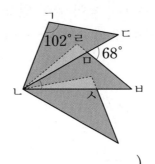

풀이

10 삼각형 ㄱㄴㄷ은 정삼각형이고, 사각형 ㄱㄷㄹㅁ은 정사각형입니다. 각 ㄱㅂㄴ의 크기는 몇 도인지 구하세요.

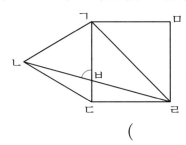

(   )

풀이

11 삼각형 ㄱㄴㄷ, 삼각형 ㄱㄹㅁ, 삼각형 ㄴㄷㄹ은 이등변삼각형입니다. 각 ㄷㄹㅁ의 크기는 몇 도인지 구하세요.

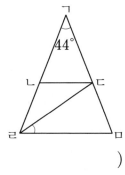

(   )

풀이

창의력

12 오른쪽 그림은 원 위에 같은 간격으로 점을 12개 찍은 것입니다. ㉠의 크기는 몇 도인지 구하세요.

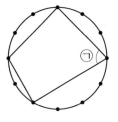

(   )

풀이

경시문제 유형

13 오른쪽 도형에서 삼각형 ㄱㄴㄷ, 삼각형 ㄴㄷㄹ, 삼각형 ㄷㄹㅁ, 삼각형 ㄹㅁㄱ, 삼각형 ㅁㄱㄴ은 모양과 크기가 같은 이등변삼각형입니다. ㉠과 ㉡의 크기의 합은 몇 도인지 구하세요.

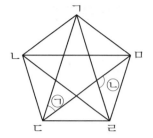

(　　　　　　　　　)

풀이

코딩형

14 보기와 같은 규칙에 따라 정삼각형을 그린 후 색칠하였습니다. 첫 번째 정삼각형의 세 변의 길이의 합이 144 cm입니다. 다섯 번째 그림에서 색칠되지 않은 정삼각형 중 가장 작은 것들의 세 변의 길이의 합을 모두 더하면 몇 cm인지 구하세요.

보기
① 정삼각형을 1개 그린 다음 색칠합니다.
② 정삼각형의 각 변의 한가운데의 점을 모두 잇습니다.
③ 한가운데 있는 정삼각형 1개의 색을 지웁니다.
④ 색칠된 각각의 정삼각형에 대해서 ②와 ③을 되풀이합니다.

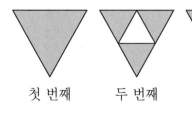　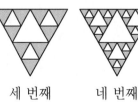　　……

첫 번째　　두 번째　　세 번째　　네 번째

(　　　　　　　　　)

풀이

1 변 ㄱㄴ과 변 ㄱㄷ의 길이가 같은 이등변삼각형 모양의 종이를 오른쪽 그림과 같이 접었습니다. ㉠의 크기는 몇 도인지 구하세요.

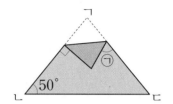

풀이

답 _____

경시대회 본선 기출문제

2 한 변이 36 cm인 정삼각형 모양의 종이가 있습니다. 이 종이를 오려서 남는 부분 없이 세 변의 길이의 합이 12 cm인 정삼각형을 만들려고 합니다. 만들 수 있는 정삼각형은 모두 몇 개일까요?

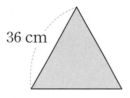

36 cm

풀이

답 _____

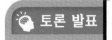
3 점 ㄱ에서 점 ㅇ까지 8개의 점을 연결하였더니 모양과 크기가 같은 정사각형 3개가 만들어졌습니다. 이 점 중에서 3개의 점을 꼭짓점으로 하여 만들 수 있는 둔각삼각형은 모두 몇 개일까요?

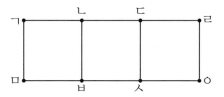

풀이

답 _____

4 오른쪽 사각형 ㄱㄴㄷㄹ은 정사각형이고 삼각형 ㄹㅁㄷ은 변 ㄹㅁ과 변 ㄹㄷ의 길이가 같은 이등변삼각형입니다. 각 ㅁㄴㄷ 의 크기는 몇 도인지 구하세요.

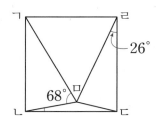

풀이

답 _____

생각의 힘

암호를 풀어 보아요

비밀스러운 언어인 암호는 특정 규칙을 아는 사람만이 풀 수 있습니다.

암호는 기원전 540년 경으로 거슬러 올라가 그리스인들에게서부터 찾을 수 있습니다.

암호의 방식 중에서 글자를 일정한 규칙에 따라서 새로운 기호나 숫자로 바꾸는 방식은 암호문에서 가장 많이 쓰이는 방식이기도 합니다.

암호 해독표를 보고 암호를 풀어 볼까요?

L ORYH BRX

〈암호 해독표〉

암호	D	E	F	G	H	I	J	K	L	M	N	O	P
알파벳	A	B	C	D	E	F	G	H	I	J	K	L	M
암호	Q	R	S	T	U	V	W	X	Y	Z	A	B	C
알파벳	N	O	P	Q	R	S	T	U	V	W	X	Y	Z

암호 해독표를 보고 암호를 풀 수 있어.

암호 L은 알파벳 I로, 암호 O는 알파벳 L로 바꾸어서 적어 보면 암호를 풀 수 있을 것 같아.

암호	L		O	R	Y	H		B	R	X
알파벳	I		L	O	V	E		Y	O	U

나를 사랑한다는 뜻이구나!

3

소수의
덧셈과 뺄셈

단원의 흐름

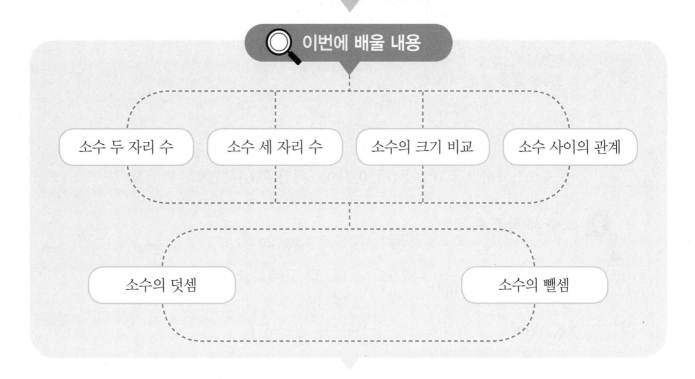

이전에 배운 내용 [3-1] 분수와 소수

이번에 배울 내용

소수 두 자리 수   소수 세 자리 수   소수의 크기 비교   소수 사이의 관계

소수의 덧셈   소수의 뺄셈

다음에 배울 내용 [5-1] 소수의 곱셈

꼭! 알아야 할 대표 유형

유형 1 □ 안에 들어갈 수 있는 숫자를 구하는 문제

유형 2 수직선에서 길이를 구하는 문제

유형 3 조건을 만족하는 수를 구하는 문제

유형 4 세 소수의 합과 차를 구하는 문제

유형 5 카드로 만든 소수의 합과 차를 구하는 문제

유형 6 계산식에서 알맞은 숫자를 구하는 문제

유형 7 규칙을 찾아 해결하는 문제

유형 8 창의 · 융합형 문제

❶ 소수 두 자리 수

$$\frac{1}{100} = 0.01 \rightarrow \boxed{읽기}\ 영\ 점\ 영일$$

• 3.45에서 각 자리 숫자와 나타내는 수 알아보기

3.45 **읽기** 삼 점 사오

→ 일의 자리 숫자, 나타내는 수: 3
→ 소수 첫째 자리 숫자, 나타내는 수: 0.4
→ 소수 둘째 자리 숫자, 나타내는 수: 0.05

➡ 3.45는 1이 3개, 0.1이 4개, 0.01이 5개인 수입니다.

개념 PLUS ➕

• 같은 숫자라도 자리에 따라 나타내는 수가 다릅니다.
예 3.3 3
→ 나타내는 수: 3
→ 나타내는 수: 0.3
→ 나타내는 수: 0.03

❷ 소수 세 자리 수

$$\frac{1}{1000} = 0.001 \rightarrow \boxed{읽기}\ 영\ 점\ 영영일$$

• 6.789에서 각 자리 숫자와 나타내는 수 알아보기

6.789 **읽기** 육 점 칠팔구

→ 일의 자리 숫자, 나타내는 수: 6
→ 소수 첫째 자리 숫자, 나타내는 수: 0.7
→ 소수 둘째 자리 숫자, 나타내는 수: 0.08
→ 소수 셋째 자리 숫자, 나타내는 수: 0.009

➡ 6.789는 1이 6개, 0.1이 7개, 0.01이 8개, 0.001이 9개인 수입니다.

❸ 소수의 크기 비교

• 두 소수의 크기 비교

| 자연수 부분 비교 | **예** $3.1 > 1.2$ |

⬇ 자연수 부분이 같다면

| 소수 첫째 자리 숫자 비교 | **예** $0.3 < 0.6$ |

⬇ 소수 첫째 자리 숫자가 같다면

| 소수 둘째 자리 숫자 비교 | **예** $0.28 > 0.24$ |

⬇ 소수 둘째 자리 숫자가 같다면

| 소수 셋째 자리 숫자 비교 | **예** $0.135 < 0.136$ |

자연수 부분, 소수 첫째 자리, 소수 둘째 자리 숫자의 순서로 크기를 비교해.

개념 PLUS ➕

• 0.2와 0.20은 같은 수입니다. 소수는 필요한 경우 오른쪽 끝자리에 0을 붙여서 나타낼 수 있습니다.

$$0.2 = 0.20$$

1 전체의 크기가 1인 모눈종이에 0.35만큼 색칠해 보세요.

2 숫자 9가 나타내는 수를 써 보세요.

(1) 9.482 ➡ (   )

(2) 2.09 ➡ (   )

3 두 소수의 크기를 비교하여 ◯ 안에 >, =, <를 알맞게 써넣으세요.

(1) 41.2 ◯ 5.99

(2) 8.465 ◯ 8.391

4 소수에서 생략할 수 있는 0을 찾아 보기와 같이 나타내어 보세요.

보기

$$0.6\cancel{0} \qquad 3.09\cancel{0}$$

0.01   0.307   0.90   10.42

5 □ 안에 알맞은 소수를 써넣으세요.

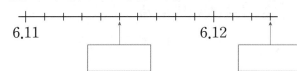

6 ㉠과 ㉡에 알맞은 수의 합을 구하세요.

- 0.17은 0.01이 ㉠개인 수입니다.
- 0.96은 $\frac{1}{100}$이 ㉡개인 수입니다.

(   )

7 0부터 9까지의 숫자 중 □ 안에 들어갈 수 있는 숫자를 모두 구하세요.

$$0.26 < 0.2\square$$

(   )

8 주어진 카드를 한 번씩 모두 사용하여 소수 두 자리 수를 만들려고 합니다. 만들 수 있는 가장 큰 소수를 구하세요.

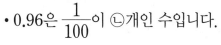

(   )

4 **소수 사이의 관계**

• 1, 0.1, 0.01, 0.001 사이의 관계

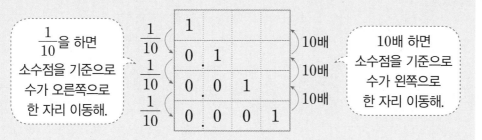

$\frac{1}{10}$을 하면 소수점을 기준으로 수가 오른쪽으로 한 자리 이동해.

10배 하면 소수점을 기준으로 수가 왼쪽으로 한 자리 이동해.

개념 PLUS

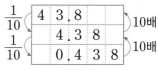

43.8의 $\frac{1}{10}$은 4.38

4.38의 $\frac{1}{10}$은 0.438

0.438의 10배는 4.38

4.38의 10배는 43.8

5 **소수의 덧셈**

• 0.7+1.5의 계산

$$
\begin{array}{r}
1 \\
0.7 \\
+\ 1.5 \\
\hline
2.2
\end{array}
$$
— 0.1이 7개
— 0.1이 15개
— 0.1이 22개

• 0.46+0.37의 계산

$$
\begin{array}{r}
1 \\
0.46 \\
+\ 0.37 \\
\hline
0.83
\end{array}
$$
— 0.01이 46개
— 0.01이 37개
— 0.01이 83개

① 소수점끼리 맞추어 세로로 씁니다.
② 자연수의 덧셈과 같은 방법으로 같은 자리끼리 더합니다.
③ 소수점을 그대로 내려 찍습니다.

6 **소수의 뺄셈**

• 0.9−0.3의 계산

$$
\begin{array}{r}
0.9 \\
-\ 0.3 \\
\hline
0.6
\end{array}
$$
— 0.1이 9개
— 0.1이 3개
— 0.1이 6개

• 0.87−0.28의 계산

$$
\begin{array}{r}
7\ 10 \\
0.8\not{7} \\
-\ 0.28 \\
\hline
0.59
\end{array}
$$
— 0.01이 87개
— 0.01이 28개
— 0.01이 59개

① 소수점끼리 맞추어 세로로 씁니다.
② 자연수의 뺄셈과 같은 방법으로 같은 자리끼리 뺍니다.
③ 소수점을 그대로 내려 찍습니다.

주의 소수의 계산을 할 때 소수점끼리 맞추어 계산하지 않으면 결과가 달라지므로 주의합니다.

개념 PLUS

＊ **자릿수가 다른 소수의 뺄셈**

$$
\begin{array}{r}
1\ \ 12\ 10 \\
2.\not{3} \\
-\ 0.54 \\
\hline
1.76
\end{array}
$$

소수점끼리 맞추어 쓰고 같은 자리 수끼리 뺍니다.

1 다음이 나타내는 수는 얼마인지 소수로 나타내어 보세요.

$$17의 \frac{1}{100}$$

( )

2 계산 결과를 찾아 이어 보세요.

$0.7-0.2$ ·

· 0.3

· 0.4

$4-3.6$ ·

· 0.5

3 계산이 잘못된 곳을 찾아 바르게 계산해 보세요.

```
  0.4 2
+   7.6
───────
  1.1 8
```
→

4 ㉠이 나타내는 수는 ㉡이 나타내는 수의 몇 배일까요?

( )

5 다음 중 가장 큰 수와 가장 작은 수의 합을 구하세요.

| 7.62 | 9.16 | 3.45 |

( )

6 사과가 들어 있는 바구니의 무게는 $1.25\,kg$입니다. 빈 바구니의 무게가 $0.19\,kg$일 때 바구니에 들어 있는 사과의 무게는 몇 kg일까요?

식 _____

답 _____

7 □ 안에 알맞은 수를 구하세요.

( )

8 ㉠과 ㉡이 나타내는 수의 합을 구하세요.

㉠ 0.1이 58개인 수입니다.
㉡ 일의 자리 숫자가 7, 소수 첫째 자리 숫자가 9인 소수 한 자리 수입니다.

( )

3
단원

소수의 덧셈과 뺄셈

1 소수 두 자리 수, 소수 세 자리 수

예시 숫자 4가 나타내는 수 알아보기

- 4.1 ➡ 일의 자리 숫자이므로 4
- 1.46 ➡ 소수 첫째 자리 숫자이므로 0.4
- 0.94 ➡ 소수 둘째 자리 숫자이므로 0.04

Check Point

같은 숫자라도 어느 자리에 있느냐에 따라 나타내는 수가 달라집니다.

1 개념 플러스 문제

숫자 5가 0.05를 나타내는 수를 찾아 기호를 쓰세요.

| ㉠ 3.605 | ㉡ 6.85 | ㉢ 5.246 |

(   )

---

2 소수 사이의 관계

소수를 10배 하면 소수점을 기준으로 수가 왼쪽으로 한 자리 이동하고, $\frac{1}{10}$을 하면 소수점을 기준으로 수가 오른쪽으로 한 자리 이동합니다.

예시

$$9 \xleftarrow[10\text{배}]{\frac{1}{10}} 0.9 \xleftarrow[10\text{배}]{\frac{1}{10}} 0.09$$

2 개념 플러스 문제

빈칸에 알맞은 수를 써넣으세요.

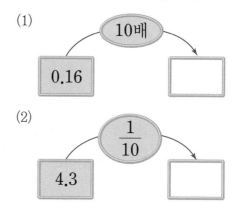

(1) 0.16 —10배→ □

(2) 4.3 —$\frac{1}{10}$→ □

---

3 카드를 사용하여 소수 만들기

심화개념 [1] [2] [3] [.] 을 한 번씩 모두 사용하여 소수 두 자리 수 만들기

• 가장 큰 소수 두 자리 수

| 가장 큰 수 | . | 두 번째로 큰 수 | 세 번째로 큰 수 | ➡ 3.21 |

• 가장 작은 소수 두 자리 수

| 가장 작은 수 | . | 두 번째로 작은 수 | 세 번째로 작은 수 | ➡ 1.23 |

3 개념 플러스 문제

주어진 카드를 한 번씩 모두 사용하여 가장 큰 소수 세 자리 수를 만들어 보세요.

[5] [3] [8] [7] [.]

(   )

4 소수의 덧셈

두 수의 순서를 바꾸어 더해도 계산 결과는 같습니다.

$$\boxed{\;\;\text{㉠}+\text{㉡}=\text{㉡}+\text{㉠}\;\;}$$

→예시 $0.24+0.81=0.81+0.24$
$\qquad\qquad\qquad\quad=1.05$

상위개념 위와 같이 두 수의 순서를 바꾸어 더해도 계산 결과가 같은 법칙을 "덧셈에 대한 교환법칙"이라고 합니다.

주의 뺄셈에서는 교환법칙이 성립하지 않습니다.

4 개념 플러스 문제

계산 결과를 비교하여 ○ 안에 >, =, <를 알맞게 써넣으세요.

(1) $0.4+0.5 \bigcirc 0.6+0.4$

(2) $3.72+1.64 \bigcirc 1.64+3.72$

5 소수의 뺄셈

심화개념 단위 사이의 관계

$$\boxed{\begin{array}{l}1\,\text{mm}=0.1\,\text{cm},\ 1\,\text{cm}=0.01\,\text{m}\\1\,\text{m}=0.001\,\text{km},\ 1\,\text{g}=0.001\,\text{kg}\\1\,\text{mL}=0.001\,\text{L}\end{array}}$$

→예시 $1.2\,\text{L}-0.4\,\text{L}=0.8\,\text{L} \rightarrow 800\,\text{mL}$

5 개념 플러스 문제

지우는 가게에 가서 쇠고기 1.2 kg과 돼지고기 0.6 kg을 샀습니다. 지우는 쇠고기를 돼지고기보다 몇 g 더 많이 샀을까요?

(   )

6 계산 결과가 가장 크도록 식 만들기

• 계산 결과가 가장 크도록 □＋△－○ 만들기

→예시 주어진 수를 □ 안에 한 번씩 써넣어 계산 결과가 가장 크도록 식 만들기

$$\boxed{1.6 \qquad 3.74 \qquad 3.07}$$

→ $\boxed{3.74} + \boxed{3.07} - \boxed{1.6}$
    └두 번째로 큰 수┘
  └가장 큰 수   └가장 작은 수

$=6.81-1.6=5.21$

참고 $3.07+3.74-1.6$으로 만들 수도 있습니다.

6 개념 플러스 문제

계산 결과가 가장 크도록 식을 만들고 계산하세요.

$$\boxed{4.75 \qquad 2.48 \qquad 3.086}$$

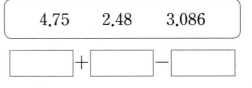

(1) 위의 □ 안에 주어진 수를 한 번씩 써넣어 계산 결과가 가장 큰 식을 만들어 보세요.

(2) 위 (1)에서 만든 식을 계산하세요.

(   )

하이레벨 탐구

대표 유형 1 □ 안에 들어갈 수 있는 숫자를 구하는 문제

0부터 9까지의 숫자 중에서 ■에 들어갈 수 있는 숫자를 모두 구하세요.

$$0.66 < 0.\blacksquare3$$

문제해결 Key

먼저 소수 둘째 자리 수의 크기를 비교하여 소수의 크기를 비교합니다.

(1) ■에 들어갈 수 있으면 ○표, 없으면 △표 하세요.

6	7
( )	( )

(2) 0부터 9까지의 숫자 중에서 ■에 들어갈 수 있는 숫자를 모두 구하세요.

( )

체크 1-1 0부터 9까지의 숫자 중에서 □ 안에 들어갈 수 있는 숫자를 모두 구하세요.

$$6.321 > 6.\boxed{}57$$

( )

체크 1-2 0부터 9까지의 숫자 중에서 □ 안에 들어갈 수 있는 숫자를 모두 구하세요.

$$5.86 < 5.8\boxed{}5$$

( )

대표 유형 **2** 수직선에서 길이를 구하는 문제

㉠에서 ㉣까지의 길이는 몇 m인지 구하세요.

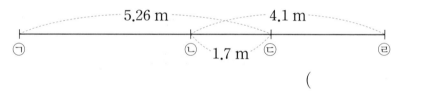

0.42 m   0.6 m
㉠   ㉡   0.25 m   ㉢   ㉣

문제해결 Key

(㉠~㉣)
=(㉠~㉢)+(㉡~㉣)
 −(㉡~㉢)

(1) ㉠에서 ㉢까지의 길이와 ㉡에서 ㉣까지의 길이의 합은 몇 m일까요?

(   )

(2) ㉠에서 ㉣까지의 길이는 몇 m일까요?

(   )

체크**2-1**

㉠에서 ㉣까지의 길이는 몇 m인지 구하세요.

5.26 m   4.1 m
㉠   ㉡   1.7 m   ㉢   ㉣

(   )

체크**2-2**

서점에서 학교까지의 거리가 0.31 km일 때 미정이네 집에서 문구점까지의 거리는 몇 km인지 구하세요.

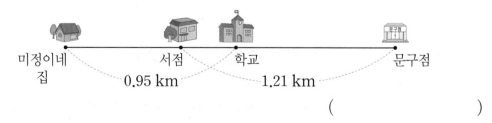

미정이네   서점   학교   문구점
집   0.95 km   1.21 km

(   )

대표 유형 3 조건을 만족하는 수를 구하는 문제

조건을 모두 만족하는 소수를 구하세요.

조건
- 소수 두 자리 수입니다.
- 2보다 크고 3보다 작습니다.
- 소수 첫째 자리 숫자는 7입니다.
- 소수 둘째 자리 숫자는 9입니다.

문제해결 Key

소수 두 자리 수를 □.□□로 놓고 각 자리에 알맞은 숫자를 구합니다.

(1) 소수 두 자리 수를 ㉠.㉡㉢이라 할 때 ㉠에 알맞은 숫자를 구하세요.

( )

(2) 소수 두 자리 수를 ㉠.㉡㉢이라 할 때 ㉡과 ㉢에 알맞은 숫자를 각각 구하세요.

㉡ ( ), ㉢ ( )

(3) 조건을 만족하는 소수를 구하세요.

( )

체크 3-1 조건을 모두 만족하는 소수를 구하세요.

조건
- 소수 두 자리 수입니다.
- 7보다 크고 8보다 작습니다.
- 소수 첫째 자리 숫자는 1입니다.
- 소수 둘째 자리 숫자는 5입니다.

( )

체크 3-2 조건을 모두 만족하는 소수를 구하세요.

조건
- 4보다 크고 5보다 작은 소수 두 자리 수입니다.
- 소수 첫째 자리 숫자는 0입니다.
- 소수 둘째 자리 숫자는 소수 첫째 자리 숫자보다 4만큼 더 큽니다.

( )

대표 유형 4 세 소수의 합과 차를 구하는 문제

소금 3 kg이 있었습니다. 그중에서 1.025 kg을 음식 만드는 데 사용하고 소금 1500 g을 더 샀습니다. 지금 있는 소금은 몇 kg일까요?

문제해결 Key

사용한 것은 뺄셈을 이용하고, 더 산 것은 덧셈을 이용합니다.

(1) 음식을 만드는 데 사용하고 남은 소금은 몇 kg일까요?

( )

(2) 1500 g은 몇 kg인지 소수로 나타내세요.

( )

(3) 지금 있는 소금은 몇 kg일까요?

( )

체크4-1 우유가 2 L 있었습니다. 그중에서 일주일 동안 950 mL를 마시고 우유 1.2 L를 더 샀습니다. 지금 있는 우유는 몇 L일까요?

( )

체크4-2 당근이 3.5 kg 있었습니다. 그중에서 1.56 kg을 음식 만드는 데 사용하고, 당근 700 g을 더 샀습니다. 지금 있는 당근은 몇 kg일까요?

( )

대표 유형 **5** 카드로 만든 소수의 합과 차를 구하는 문제

다음 4장의 카드를 한 번씩 모두 사용하여 소수를 만들려고 합니다. 만들 수 있는 가장 큰 수와 가장 작은 수의 합을 구하세요.

$$\boxed{7} \quad \boxed{2} \quad \boxed{5} \quad \boxed{.}$$

문제해결 Key

가장 큰 소수는
□□.□이고, 가장
작은 소수는 □.□□
입니다.

(1) 만들 수 있는 가장 큰 소수를 구하세요.

(   )

(2) 만들 수 있는 가장 작은 소수를 구하세요.

(   )

(3) 위 (1)과 (2)에서 만든 두 소수의 합을 구하세요.

(   )

체크 5-1 $\boxed{4}$, $\boxed{8}$, $\boxed{1}$, $\boxed{.}$ 4장의 카드를 한 번씩 모두 사용하여 건우와 수아가 수를 만들었습니다. 두 사람이 만든 수의 차를 구하세요.

> 건우: 나는 가장 큰 소수를 만들었어.
> 수아: 나는 가장 작은 소수를 만들었어.

(   )

체크 5-2   다음 4장의 카드를 한 번씩 모두 사용하여 소수를 만들려고 합니다. 만들 수 있는 가장 큰 수와 가장 작은 수의 차는 얼마인지 풀이 과정을 쓰고 답을 구하세요. 5점

$$\boxed{7} \quad \boxed{2} \quad \boxed{4} \quad \boxed{.}$$

풀이

_____

_____

_____

답 _____

대표 유형 6 계산식에서 알맞은 숫자를 구하는 문제

오른쪽 계산이 맞도록 ㉠, ㉡, ㉢에 알맞은 숫자를 각각 구하세요.

$$\begin{array}{r} ㉠.6\,㉡ \\ +\ 6.㉢\,8 \\ \hline 1\,1.2\,1 \end{array}$$

문제해결 Key

받아올림에 주의하여 소수 둘째 자리부터 계산합니다.

(1) ㉡에 알맞은 숫자를 구하세요.

(   )

(2) ㉢에 알맞은 숫자를 구하세요.

(   )

(3) ㉠에 알맞은 숫자를 구하세요.

(   )

체크 6-1 오른쪽 계산이 맞도록 ㉠, ㉡, ㉢에 알맞은 숫자를 각각 구하세요.

㉠ (   )
㉡ (   )
㉢ (   )

$$\begin{array}{r} ㉠.7 \\ -\ 2.㉡\,4 \\ \hline 1.9\,㉢ \end{array}$$

체크 6-2 오른쪽 계산이 맞도록 ㉠, ㉡, ㉢에 알맞은 숫자의 합을 구하세요.

(   )

$$\begin{array}{r} ㉠.2\,5 \\ +\ 6.㉡\,4\,1 \\ \hline 1\,1.0\,9\,㉢ \end{array}$$

하이레벨 탐구

High Level

대표 유형 **7** 규칙을 찾아 해결하는 문제

규칙에 따라 뛰어 센 것입니다. ㉠에 알맞은 수를 구하세요.

| 0.45 | 0.61 | 0.77 | | | ㉠ |

문제해결 Key

이웃한 두 수의 차를 이용하여 몇씩 커지는지 알아봅니다.

(1) 몇씩 커지는 규칙이 있을까요?

( )

(2) ㉠에 알맞은 수를 구하세요.

( )

체크 7-1 규칙에 따라 뛰어 센 것입니다. ㉠에 알맞은 수를 구하세요.

| 1.68 | 2.18 | 2.68 | | | ㉠ |

( )

체크 7-2 규칙에 따라 소수를 늘어놓았습니다. 7번째에 올 소수를 구하세요.

11.42, 10.36, 9.3, 8.24 ……

( )

대표 유형 8 | 창의·융합형 문제

정림사지 오층석탑은 백제시대의 석탑입니다. 정림사지 오층석탑의 높이는 ■ m이고, ■를 10배 한 수는 10이 7개, 1이 12개, 0.1이 13개인 수와 같습니다. 정림사지 오층석탑의 높이는 몇 m일까요?

▲ 정림사지 오층석탑

문제해결 Key

$$어떤 수 \underset{\frac{1}{10}}{\overset{10배}{\longleftrightarrow}} ▲$$

(1) ☐ 안에 알맞은 수를 써넣으세요.

10이 7개이면 ☐

1이 12개이면 ☐

0.1이 13개이면 ☐

(2) 정림사지 오층석탑의 높이는 몇 m일까요?

(   )

체크 8-1

다보탑은 불국사 대웅전 앞뜰에 석가탑과 함께 나란히 서 있는 탑입니다. 다보탑의 높이는 ■ m이고, ■의 $\frac{1}{10}$은 0.1이 8개, 0.01이 21개, 0.001이 29개인 수와 같습니다. 다보탑의 높이는 몇 m인지 풀이 과정을 쓰고 답을 구하세요. [5점]

▲ 다보탑

풀이

답

1 다음이 나타내는 수를 10배 하면 얼마인지 구하세요.

> 1이 3개, 0.1이 12개, 0.01이 25개인 수

( )

◀ 나타내는 수의 ■배 한 수를 구하는 문제

2 조건을 모두 만족하는 소수를 구하세요.

조건
- 소수 세 자리 수입니다.
- 6보다 크고 7보다 작습니다.
- 소수 첫째 자리 숫자는 4입니다.
- 소수 둘째 자리 숫자는 소수 첫째 자리 숫자보다 1 작습니다.
- 소수 셋째 자리 숫자는 소수 첫째 자리 숫자와 같습니다.

( )

◀ 조건을 모두 만족하는 소수를 구하는 문제

3 규칙에 따라 같은 수만큼 뛰어 센 것입니다. ㉠에 알맞은 수를 구하세요.

| ㉠ | | | 7.6 | | 10.2 |

( )

◀ 규칙에 따라 뛰어 셀 때 빈칸에 알맞은 수를 구하는 문제

4 ㉠을 10배 한 수와 ㉡의 차를 구하세요.

◀ 수직선에서 나타내는 수의 차를
구하는 문제

(   )

5 □ 안에는 1부터 9까지 어느 숫자를 넣어도 됩니다. 큰 수부터 차
례로 기호를 쓰세요.

◀ 소수의 크기를 비교하는 문제

| ㉠ 9.□48 | ㉡ 9.96□ | ㉢ □.029 |

(   )

6 떨어뜨린 높이의 $\frac{1}{10}$만큼씩 튀어 오르는 공이 있습니다. 이 공을
23 m 높이의 건물에서 똑바로 떨어뜨렸습니다. 세 번째로 튀어
오른 공의 높이는 몇 cm일까요?

◀ 튀어 오른 공의 높이를 구하는
문제

(   )

3
단원

소수의 덧셈과 뺄셈

STEP 3 | 하이레벨 심화

1 가◎나＝가－나－나라고 약속할 때 다음을 구하세요.

$$9.25◎3.7$$

(   )

풀이

2 무게가 같은 배 6개가 들어 있는 상자의 무게가 1.82 kg 입니다. 배 1개를 꺼낸 다음 무게를 재었더니 1.55 kg이 었다면 빈 상자의 무게는 몇 kg일까요?

(   )

풀이

3 소수의 크기를 비교한 것입니다. ㉠, ㉡, ㉢, ㉣, ㉤에 알 맞은 숫자들의 합을 구하세요. (단, ㉠, ㉡, ㉢, ㉣, ㉤은 한 자리 수입니다.)

$$8.2㉠8<8.20㉡<㉢.088<㉣.0㉤$$

(   )

풀이

4 □ 안에 들어갈 수 있는 수 중에서 가장 큰 소수 두 자리 수를 구하세요.

$$5.67+2.48<10-\boxed{}$$

( )

풀이

5 다음 소수의 뺄셈식에서 □ 안에 1, 3, 5, 7, 9를 한 번씩 모두 넣어서 계산하려고 합니다. 계산 결과가 가장 클 때와 가장 작을 때의 값을 각각 구하세요.

$$\boxed{}\boxed{}.\boxed{}-\boxed{}.\boxed{}$$

가장 클 때 ( )
가장 작을 때 ( )

풀이

6 길이가 7.55 cm인 색 테이프 4장을 같은 길이만큼씩 겹쳐서 이어 붙였더니 이어 붙인 색 테이프의 전체 길이가 24.2 cm가 되었습니다. 색 테이프의 겹쳐진 부분 한 군데의 길이는 몇 cm일까요?

( )

풀이

7 ㉮와 ㉯를 각각 구하세요.

> ㉮＋㉯＝4.92,　㉮－㉯＝1.08

㉮ (　　　　　　)

㉯ (　　　　　　)

풀이

8 어떤 두 소수의 합과 차가 다음과 같을 때 ㉠, ㉡, ㉢, ㉣ 에 알맞은 숫자들의 합을 구하세요.

```
   ㉠.9 2㉡        ㉠.9 2㉡
 ＋5.㉢5㉣       －5.㉢5㉣
 1 3.7 8 0        2.0 6 8
```

(　　　　　　)

풀이

9 다음과 같은 규칙에 따라 소수를 9개 늘어놓았습니다. 늘어놓은 소수 9개의 합을 구하세요.

> 1.11,　2.22,　3.33,　4.44……

(　　　　　　)

풀이

10 어떤 세 자리 수의 $\dfrac{1}{100}$인 수와 $\dfrac{1}{1000}$인 수의 합이 7.403 입니다. 어떤 수는 얼마일까요?

(   )

풀이

11 0.5보다 크고 0.6보다 작은 소수 세 자리 수 중에서 소수 셋째 자리 수가 소수 둘째 자리 수보다 더 큰 수는 모두 몇 개일까요?

(   )

풀이

융합형

12 네 사람이 일직선으로 달리기를 하고 있습니다. 성우는 진영이보다 3.04 m 앞에 있고, 예리보다는 320 cm 앞에 있습니다. 또 예리는 하선이보다 0.97 m 뒤에 있습니다. 진영이와 하선이 사이의 거리와 진영이와 예리 사이의 거리의 차는 몇 m일까요?

(   )

풀이

코딩형

13 개미가 명령어에 따라 움직여 도착한 곳의 수를 읽으려고
합니다. 예를 들어 → ⌒ → 은 3.1을 나타냅니다. 다음
㉠, ㉡, ㉢ 중 가장 큰 수와 가장 작은 수의 차를 구하세요.

명령어

→ : 앞으로 1칸 이동

⌒ : 오른쪽으로 90°만큼 돌아서
　　1칸 앞으로 이동

⌒ : 왼쪽으로 90°만큼 돌아서
　　1칸 앞으로 이동

🐜→	1.1	1.2	1.3	1.4
시작	2.1	2.2	2.3	2.4
	3.1	3.2	3.3	3.4
	4.1	4.2	4.3	4.4

㉠ → ⌒ ⌒ →

㉡ → → ⌒ →

㉢ → → ⌒ ⌒ →

(　　　　　　　　　)

풀이

경시문제 유형

14 다음과 같은 규칙에 따라 계산을 하였더니 1.2가 나왔습
니다. ㉣에 알맞은 소수를 구하세요.

$$0.03+0.04-0.01-0.02+0.07+0.08-0.05-0.06$$
$$+0.11+0.12-0.09-0.1+0.15+0.16-0.13-0.14$$
$$+\cdots\cdots+㉠+㉡-㉢-㉣=1.2$$

(　　　　　　　　　)

풀이

1 주영이네 반 선생님께서 5 kg의 찰흙을 남학생에게는 한 명당 0.16 kg씩 나누어 주고 여학생 6명에게는 한 명당 450 g씩 나누어 주었더니 1.5 kg의 찰흙이 남았습니다. 찰흙을 나누어 준 남학생은 몇 명일까요?

풀이

답 _____

2 다음 5장의 카드를 한 번씩 모두 사용하여 1보다 작은 소수를 만들려고 합니다. 둘째로 작은 수와 둘째로 큰 수의 합은 차보다 얼마나 더 큰지 구하세요.

| 0 | 2 | 1 | 5 | . |

풀이

답 _____

3 오른쪽 그림은 일직선에 있는 ㉮, ㉯, ㉰, ㉱, ㉲ 사이의 거리를 나타낸 표입니다. ㉱에서 ㉲까지의 거리는 몇 km인지 구하세요.
(단, ★은 ㉮에서 ㉰까지의 거리로 ★=0.85+0.74이고 ㉮에서 ㉱까지의 거리는 2.03 km입니다.)

㉮				
0.85	㉯			
★	0.74	㉰		
2.03			㉱	
		1.07		㉲

(단위: km)

풀이

답 _____

---

4 0부터 같은 수만큼 커지는 규칙으로 뛰어 세기를 하였습니다. 뛰어 센 수 중에서 연속된 5개의 수를 골라서 가장 작은 수와 둘째로 큰 수의 차를 구했더니 0.669이었습니다. 0을 포함하여 작은 수부터 20번째에 놓인 수와 30번째에 놓인 수의 합을 구하세요.

풀이

답 _____

생각의 힘

소수는 어떻게 생겨났을까요?

네덜란드의 시몬 스테빈이라는 수학자는 분수를 더 쉽게 계산하기 위한 방법을 고민하던 중 소수를 발견했어요. 그 당시 사용한 소수의 모습은 지금과는 달랐다는데 어떤 모습이었던 걸까요?

$$\frac{487}{1000} \qquad \frac{3127}{10000}$$

분수 $\frac{487}{1000}, \frac{3127}{10000}$ 중 어느 쪽이 더 큰 수인지 모르겠는데…….

$$\frac{487}{1000} \rightarrow ⓪4①8②7③ \rightarrow 현재의 \ 0.487$$

$$\frac{3127}{10000} \rightarrow ⓪3①1②2③7④ \rightarrow 현재의 \ 0.3127$$

아! 자연수 뒤에 ⓪, 소수 첫째 자리 숫자 뒤에 ①, 소수 둘째 자리 숫자 뒤에 ②…… 이렇게 표시하면 수를 쉽고 편하게 나타낼 수 있겠구나!

그럼 오늘날과 같이 소수점을 찍게 된 건 언제부터일까요?
오늘날과 같은 소수점을 찍게 된 건 스테빈이 소수를 처음 생각했을 때로부터 32년이 지난 후예요.

하지만 지금도 소수를 나타내는 방법은 세계적으로 통일되어 있지 않아요. 유럽의 어떤 나라에서는 아직도 소수점 대신 쉼표를 찍고 있다니 무척 재미있는 일이지요?

[소수를 나타내는 방법의 변화 과정]

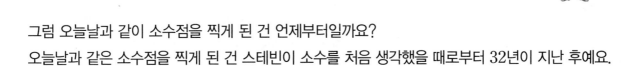

1522년, 리제가 소개한 방법	1579년, 비에트가 소개한 방법	1585년, 스테빈이 소개한 방법	1617년, 네이피어가 소개한 방법
4ㅇ172	4|172	4⓪1①7②2③	4.172

4

사각형

단원의 흐름

이전에 배운 내용 [4-2] 삼각형

🔍 이번에 배울 내용

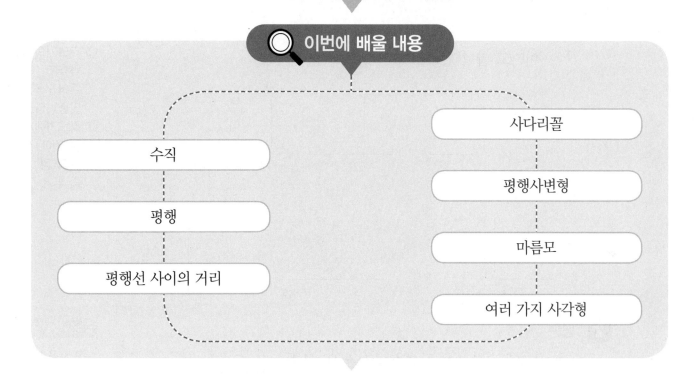

수직

평행

평행선 사이의 거리

사다리꼴

평행사변형

마름모

여러 가지 사각형

다음에 배울 내용 [4-2] 다각형

꼭! 알아야 할 대표 유형

유형 1 수직을 이용하여 각도를 구하는 문제

유형 2 평행선 사이의 거리를 구하는 문제

유형 3 평행과 수직을 이용하여 각도를 구하는 문제

유형 4 창의 · 융합형 문제

유형 5 크고 작은 사각형의 개수를 구하는 문제

유형 6 사각형의 성질을 이용하여 변의 길이를 구하는 문제

유형 7 사각형의 성질을 이용하여 각도를 구하는 문제

유형 8 수선을 그어 각도를 구하는 문제

1 수직

- 두 직선이 만나서 이루는 각이 직각일 때, 두 직선은 서로 수직이라고 합니다.
- 두 직선이 서로 수직으로 만났을 때, 한 직선을 다른 직선에 대한 수선이라고 합니다.

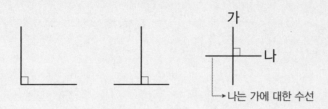

나는 가에 대한 수선

- 수선 긋기

삼각자 사용

각도기 사용

개념 PLUS

＊ 각도기를 사용하여 주어진 직선에 대한 수선 긋는 방법
① 주어진 직선 위에 점 ㄱ을 찍습니다.
② 각도기의 중심을 점 ㄱ에 맞추고, 각도기의 밑금을 주어진 직선과 일치하도록 맞춥니다.
③ 각도기에서 90°가 되는 눈금 위에 점 ㄴ을 찍고, 점 ㄱ과 점 ㄴ을 직선으로 잇습니다.

2 평행

- 한 직선에 수직인 두 직선을 그었을 때, 그 두 직선은 서로 만나지 않습니다. 이와 같이 서로 만나지 않는 두 직선을 평행하다고 합니다.
- 평행한 두 직선을 평행선이라고 합니다.
- 평행선 긋기

개념 PLUS

＊ 점 ㄱ을 지나는 평행선 긋기

3 평행선 사이의 거리

- 그림과 같이 평행선에 수직인 선분의 길이를 평행선 사이의 거리라고 합니다.
- 평행선 사이의 거리 재기
  평행선 사이에 수선을 긋고 수선의 길이를 잽니다.

평행선 사이의 거리

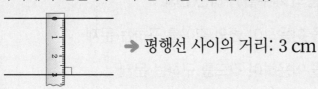

➜ 평행선 사이의 거리: 3 cm

개념 PLUS

＊ 평행선 사이의 거리가 4 cm가 되도록 평행선 긋기

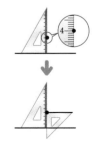

1 직선 가에 수직인 직선을 찾아 쓰세요.

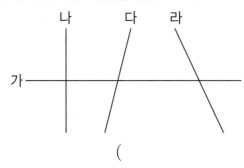

( )

2 모눈종이에 주어진 직선에 대한 수선을 각각 1개씩 그어 보세요.

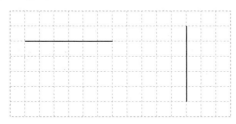

3 서로 평행한 직선을 찾아 쓰세요.

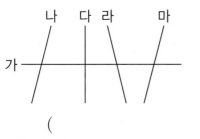

( )

4 주어진 두 선분을 사용하여 평행선이 두 쌍인 사각형을 그려 보세요.

5 평행선 사이의 거리는 몇 cm인지 재어 보세요.

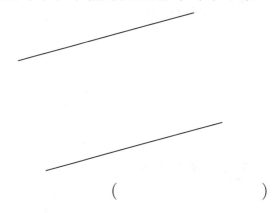

( )

6 각도기를 사용하여 주어진 직선에 대한 수선을 1개 그어 보세요.

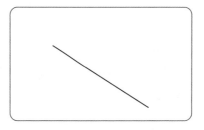

7 주어진 직선과 평행선 사이의 거리가 2 cm가 되도록 평행한 직선을 그어 보세요.

4 사다리꼴

사다리꼴: 평행한 변이 한 쌍이라도 있는 사각형

초4-2 연계 ✦ **다각형**: 선분으로만 둘러싸인 도형

오각형 　 육각형

5 평행사변형

평행사변형: 마주 보는 두 쌍의 변이 서로 평행한 사각형

- 평행사변형의 성질
  ① 마주 보는 두 변의 길이가 같습니다.
  ② 마주 보는 두 각의 크기가 같습니다.
  ③ 이웃한 두 각의 크기의 합이 180°입니다.

초4-2 연계 ✦ **대각선**: 서로 이웃하지 않는 두 꼭짓점을 이은 선분

마름모는 두 대각선이 서로 수직으로 만납니다.

6 마름모

- 마름모: 네 변의 길이가 모두 같은 사각형
- 마름모의 성질
  ① 마주 보는 두 각의 크기가 같습니다.
  ② 이웃한 두 각의 크기의 합이 180°입니다.
  ③ 마주 보는 꼭짓점끼리 이은 선분이 서로 수직으로 만나고 길이가 같게 나누어집니다.

7 여러 가지 사각형

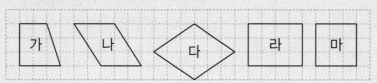

(1) 사다리꼴: **가, 나, 다, 라, 마** →평행한 변이 있음
(2) 평행사변형: **나, 다, 라, 마** →마주 보는 두 쌍의 변이 서로 평행
(3) 마름모: **다, 마** → 네 변의 길이가 모두 같음
(4) 직사각형: **라, 마** →네 각이 모두 직각
(5) 정사각형: **마** →네 변의 길이가 모두 같고, 네 각이 모두 직각

개념 PLUS ✦ **직사각형의 성질**: 네 각이 모두 직각이고, 마주 보는 두 변의 길이가 같습니다.
✦ **정사각형의 성질**: 네 각이 모두 직각이고, 네 변의 길이가 모두 같습니다.
➡ 정사각형의 성질을 가지는 사각형은 모두 직사각형의 성질을 가집니다.

1 평행사변형을 모두 찾아 기호를 쓰세요.

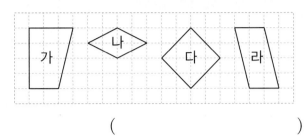

( )

융합형

2 직사각형 모양의 종이띠를 선을 따라 잘랐습니다. 잘라 낸 도형 중 사다리꼴을 모두 찾아 기호를 쓰세요.

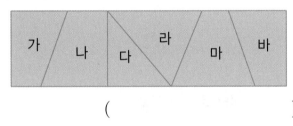

( )

3 마름모입니다. □ 안에 알맞은 수를 구하세요.

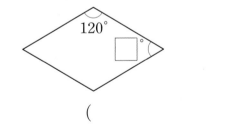

( )

4 직사각형이라고 할 수 있는 도형을 찾아 기호를 쓰세요.

ㄱ 사다리꼴   ㄴ 평행사변형
ㄷ 마름모   ㄹ 정사각형

( )

5 오른쪽 사각형 ㄱㄴㄷㄹ에 대한 설명으로 **틀린** 것을 찾아 기호를 쓰세요.

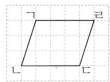

ㄱ 변 ㄱㄴ과 변 ㄹㄷ의 길이가 같습니다.
ㄴ 각 ㄱㄴㄷ과 각 ㄴㄱㄹ의 크기의 합은 180°입니다.
ㄷ 각 ㄱㄴㄷ과 각 ㄴㄷㄹ의 크기가 같습니다.

( )

6 각각의 사각형을 모두 찾아 빈칸에 알맞은 기호를 써넣으세요.

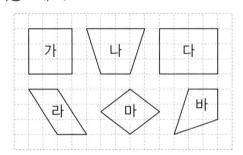

사각형	기호
사다리꼴	
평행사변형	
마름모	
직사각형	
정사각형	

7 평행사변형의 네 변의 길이의 합은 50 cm입니다. 변 ㄱㄹ의 길이는 몇 cm인지 구하세요.

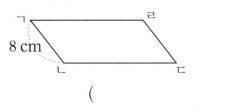

( )

1 수선 긋기

• 삼각자를 사용하여 수선 긋기

• 각도기를 사용하여 수선 긋기

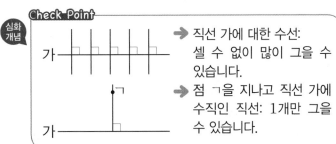

Check Point 심화 개념

→ 직선 가에 대한 수선: 셀 수 없이 많이 그을 수 있습니다.

→ 점 ㄱ을 지나고 직선 가에 수직인 직선: 1개만 그을 수 있습니다.

---

1 개념 플러스 문제

삼각자를 사용하여 직선 가에 대한 수선을 그어 보세요.

---

2 평행선과 직선이 만나서 이루는 각

(1) 평행선과 한 직선이 만날 때 생기는 같은 위치에 있는 두 각의 크기는 같습니다.

(2) 평행선과 한 직선이 만날 때 생기는 엇갈린 위치에 있는 두 각의 크기는 같습니다.

Check Point 심화 개념
같은 위치에 있는 각을 동위각, 엇갈린 위치에 있는 각을 엇각이라고 합니다.

---

2 개념 플러스 문제

직선 가와 직선 나는 서로 평행합니다. ㉠과 ㉡의 각도를 각각 구하세요.

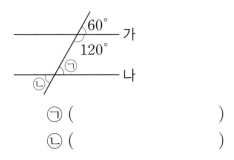

㉠ (　　　　　　　)
㉡ (　　　　　　　)

---

3 평행선 사이의 거리

직선 가와 직선 나가 서로 평행할 때 평행선 사이의 거리 구하기

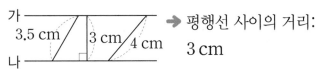

→ 평행선 사이의 거리: 3 cm

참고 평행선 사이의 선분 중 수선의 길이가 가장 짧고 그 길이는 모두 같습니다.

---

3 개념 플러스 문제

변 ㄱㄹ과 변 ㄴㄷ은 서로 평행합니다. 이 평행선 사이의 거리는 몇 cm일까요?

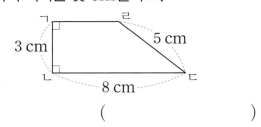

(　　　　　　　)

4 평행사변형의 성질

(1) 마주 보는 두 변의 길이가 같습니다.
(2) 마주 보는 두 각의 크기가 같습니다.
(3) 이웃한 두 각의 크기의 합이 180°입니다.

예시

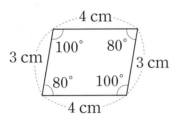

4 개념 플러스 문제

평행사변형입니다. □ 안에 알맞은 수를 써넣으세요.

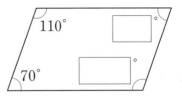

5 마름모의 성질

(1) 네 변의 길이가 모두 같습니다.
(2) 마주 보는 두 각의 크기가 같습니다.
(3) 이웃한 두 각의 크기의 합이 180°입니다.
(4) 마주 보는 꼭짓점끼리 이은 선분이 서로 수직으로 만나고 길이가 같게 나누어집니다.

예시

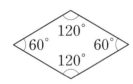
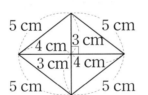

5 개념 플러스 문제

마름모입니다. ㉠과 ㉡에 알맞은 수를 각각 구하세요.

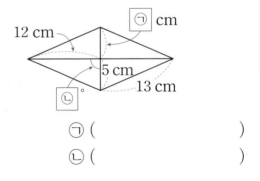

㉠ (   )

㉡ (   )

6 사각형의 포함 관계

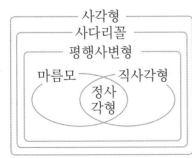

Check Point

정사각형은 마름모, 직사각형, 평행사변형, 사다리꼴이라고 할 수 있습니다.

6 개념 플러스 문제

잘못 설명한 것을 찾아 기호를 쓰고 바르게 고치세요.

> ㉠ 정사각형은 직사각형입니다.
> ㉡ 마름모는 정사각형입니다.
> ㉢ 직사각형은 사다리꼴입니다.

(   )

→ _____

_____

대표 유형 1 수직을 이용하여 각도를 구하는 문제

오른쪽 그림에서 직선 가와 직선 나는 서로 수직입니다. ㉠은 몇 도인지 구하세요.

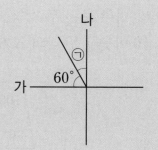

문제해결 Key

직선 가와 직선 나가 만나서 이루는 각은 직각입니다.

(1) 직선 가와 직선 나가 만나서 이루는 각은 몇 도일까요?

(   )

(2) ㉠의 각도는 몇 도인지 구하세요.

(   )

체크 1-1 오른쪽 그림에서 직선 가와 직선 나는 서로 수직입니다. ㉠은 몇 도인지 구하세요.

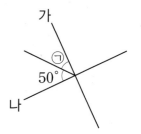

(   )

체크 1-2 오른쪽 그림에서 직선 가와 직선 나는 서로 수직입니다. ㉠과 ㉡은 각각 몇 도인지 구하세요.

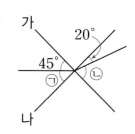

㉠ (   ), ㉡ (   )

대표 유형 **2** 평행선 사이의 거리를 구하는 문제

오른쪽 그림에서 직선 가, 나, 다는 서로 평행합니다. 직선 가와 직선 다 사이의 거리는 몇 cm일까요?

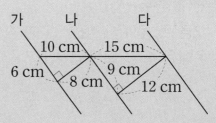

단원

사
각
형

문제해결 Key

(평행선 사이의 거리)
=(평행선 사이의 수
선의 길이)

(1) 직선 가와 직선 나 사이의 거리는 몇 cm일까요?

(   )

(2) 직선 나와 직선 다 사이의 거리는 몇 cm일까요?

(   )

(3) 직선 가와 직선 다 사이의 거리는 몇 cm일까요?

(   )

체크 2-1 오른쪽 그림에서 직선 가, 나, 다는 서로 평행합니다. 직선 가와 직선 다 사이의 거리는 몇 cm일까요?

(   )

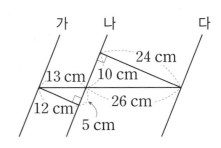

체크 2-2 오른쪽 그림에서 직선 가, 나, 다, 라는 서로 평행합니다. 직선 가와 직선 라 사이의 거리는 몇 cm일까요?

(   )

대표 유형 3 평행과 수직을 이용하여 각도를 구하는 문제

오른쪽 그림에서 직선 ㄱㄴ과 직선 ㄷㄹ은 서로 평행하고 직선 ㄷㄹ과 직선 ㅁㅂ은 수직으로 만납니다. 각 ㅈㅋㅊ의 크기를 구하세요.

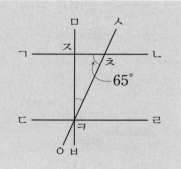

문제해결 Key

직선 가와 직선 나가 평행하고 직선 가와 직선 다가 수직으로 만날 때 직선 나와 직선 다도 수직으로 만납니다.

다
가 ┤
나 ┤

(1) 각 ㄴㅈㅋ의 크기를 구하세요.

(   )

(2) 각 ㅈㅋㅊ의 크기를 구하세요.

(   )

체크3-1

오른쪽 그림에서 직선 가와 직선 나는 서로 평행하고 직선 나와 직선 다는 수직으로 만납니다. ㉠의 각도는 몇 도인지 구하세요.

(   )

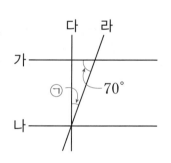

체크3-2

오른쪽 그림에서 직선 가와 직선 나는 서로 평행하고 직선 가와 직선 다는 수직으로 만납니다. ㉠의 각도는 몇 도인지 구하세요.

(   )

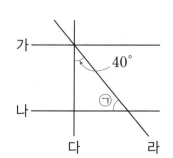

대표 유형 **4** 창의·융합형 문제

조각보는 여러 조각의 헝겊을 이어 만든 보자기입니다. 수아는 모양과 크기가 같은 마름모 모양의 조각을 겹치지 않게 이어 붙여 조각보를 만들었습니다. 조각보 무늬에서 ㉠의 각도는 몇 도인지 구하세요.

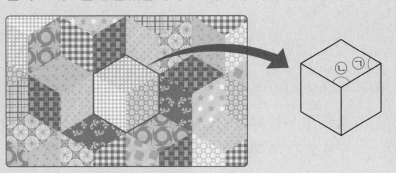

문제해결 Key

마름모에서 이웃한 두 각의 크기의 합은 180°입니다.

(1) ㉡의 각도는 몇 도일까요?

(   )

(2) ㉠의 각도는 몇 도일까요?

(   )

4
단원

사
각
형

체크 4-1

모양과 크기가 같은 마름모 모양의 조각을 겹치지 않게 이어 붙여 만든 조각보입니다. 조각보 무늬에서 ㉠의 각도를 구하려고 합니다. 풀이 과정을 쓰고 답을 구하세요. 5점

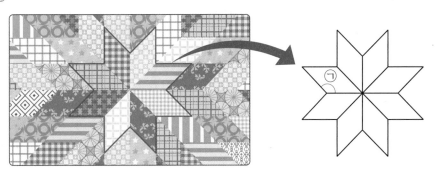

풀이

답

대표 유형 **5** 크고 작은 사각형의 개수를 구하는 문제

오른쪽 도형에서 찾을 수 있는 크고 작은 마름모는 모두 몇 개일까요?

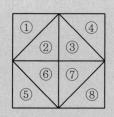

문제해결 Key

도형 2개, 4개, 8개로 이루어진 마름모를 찾아봅니다.

(1) 찾을 수 있는 크고 작은 마름모를 찾아 ☐ 안에 알맞게 써넣으세요.

도형 2개로 이루어진 마름모: ①+②, ③+④, ⑤+☐, ⑦+☐ ➡ ☐개

도형 4개로 이루어진 마름모: ②+③+⑥+☐ ➡ ☐개

도형 8개로 이루어진 마름모: ①+②+③+④+⑤+⑥+⑦+☐

➡ ☐개

(2) 찾을 수 있는 크고 작은 마름모는 모두 몇 개일까요?

(   )

체크 5-1 오른쪽 도형에서 찾을 수 있는 크고 작은 사다리꼴은 모두 몇 개일까요?

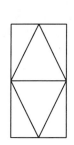

(   )

체크 5-2 오른쪽 도형에서 찾을 수 있는 크고 작은 평행사변형은 모두 몇 개일까요?

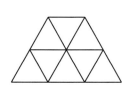

(   )

대표 유형 6 사각형의 성질을 이용하여 변의 길이를 구하는 문제

오른쪽은 사다리꼴 ㄱㄴㄷㄹ 안에 선분 ㄱㄴ과 평행한 선분 ㄹㅁ 을 그은 것입니다. 삼각형 ㄹㅁㄷ의 세 변의 길이의 합은 몇 cm 일까요?

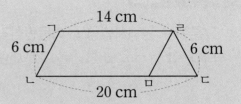

문제해결 Key

사각형 ㄱㄴㅁㄹ은 평행사변형입니다.

(1) 선분 ㄹㅁ과 선분 ㄴㅁ의 길이는 각각 몇 cm인지 구하세요.

　　선분 ㄹㅁ (　　　　　　　), 선분 ㄴㅁ (　　　　　　　)

(2) 선분 ㅁㄷ의 길이는 몇 cm인지 구하세요.

　　　　　　　　　　　　　　　　　　　(　　　　　　　)

(3) 삼각형 ㄹㅁㄷ의 세 변의 길이의 합은 몇 cm일까요?

　　　　　　　　　　　　　　　　　　　(　　　　　　　)

4
단원

사
각
형

체크 6-1 오른쪽은 사다리꼴 ㄱㄴㄷㄹ 안에 선분 ㄹㄷ 과 평행한 선분 ㄱㅁ을 그은 것입니다. 삼각형 ㄱㄴㅁ의 세 변의 길이의 합은 몇 cm일까 요?

　　　　　　　　(　　　　　　　)

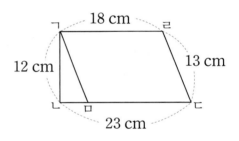

체크 6-2 오른쪽은 평행사변형 ㄱㄴㄷㄹ 안에 삼각형 ㄱㄴㅁ 이 정삼각형이 되도록 선분 ㄱㅁ을 그은 것입니다. 평행사변형 ㄱㄴㄷㄹ의 네 변의 길이의 합은 몇 cm일까요?

　　　　　　　　　　　　　　　　(　　　　　　　)

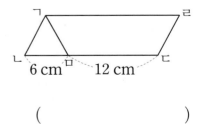

대표 유형 7 | 사각형의 성질을 이용하여 각도를 구하는 문제

오른쪽은 평행사변형과 이등변삼각형을 겹치지 않게 이어 붙인 것입니다. 각 ㅁㄱㄴ의 크기를 구하세요.

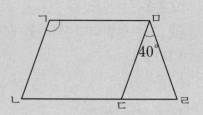

문제해결 Key

이등변삼각형은 두 각의 크기가 같고, 평행사변형은 마주 보는 각의 크기가 같습니다.

(1) 각 ㅁㄷㄹ의 크기를 구하세요.

(   )

(2) 각 ㄴㄷㅁ의 크기를 구하세요.

(   )

(3) 각 ㅁㄱㄴ의 크기를 구하세요.

(   )

체크 7-1

오른쪽은 평행사변형 ㄱㄴㄷㅁ과 이등변삼각형 ㅁㄷㄹ을 겹치지 않게 이어 붙인 것입니다. 각 ㄱㄴㄷ의 크기를 구하세요.

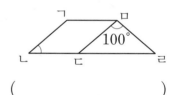

(   )

체크 7-2

오른쪽은 마름모와 정사각형을 겹치지 않게 이어 붙인 것입니다. 각 ㅂㄷㄴ의 크기는 몇 도인지 풀이 과정을 쓰고 답을 구하세요. [5점]

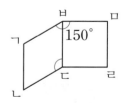

풀이 _____

_____

_____

_____

답 _____

대표 유형 **8** 수선을 그어 각도를 구하는 문제

직선 가와 직선 나가 서로 평행할 때 각 ㄱㄴㄷ의 크기를 구하세요.

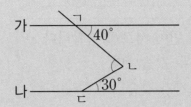

문제해결 Key

수선을 그어 문제를 해결합니다.

(1) 점 ㄱ에서 직선 나에 수선을 그었습니다. ☐ 안에 알맞은 수를 써넣으세요.

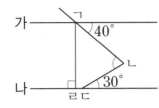

(각 ㄴㄱㄹ)=90°−40°=☐°

(각 ㄱㄹㄷ)=☐°

(각 ㄹㄷㄴ)=180°−30°=☐°

(2) 각 ㄱㄴㄷ의 크기를 구하세요.

(   )

사 각 형

체크8-1 오른쪽 그림에서 직선 가와 직선 나가 서로 평행할 때 각 ㄱㄴㄷ의 크기를 구하세요.

(   )

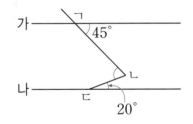

체크8-2 오른쪽 그림에서 직선 가와 직선 나가 서로 평행할 때 각 ㄱㄴㄷ의 크기를 구하세요.

(   )

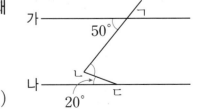

1 다음 사각형의 공통된 성질이 <u>아닌</u> 것을 찾아 기호를 쓰세요.

> 평행사변형, 마름모, 정사각형

> ㉠ 마주 보는 두 쌍의 변이 서로 평행합니다.
> ㉡ 네 변의 길이가 모두 같습니다.
> ㉢ 마주 보는 각의 크기가 같습니다.

(   )

◀ 사각형의 공통된 성질이 아닌 것을 찾는 문제

융합형

2 유네스코(UNESCO)는 교육, 과학, 문화의 교류를 돕고 문화 발전이 필요한 곳을 지원하는 국제 기관입니다. 다음 문자 중 수선과 평행선이 모두 있는 문자를 찾아 쓰세요.

U N E S C O

(   )

◀ 수선과 평행선이 모두 있는 문자를 찾는 문제

3 오른쪽 도형에서 평행선은 모두 몇 쌍일까요?

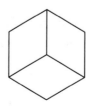

(   )

◀ 도형에서 평행선은 모두 몇 쌍인지 찾는 문제

4 오른쪽 그림에서 찾을 수 있는 크고 작은 사다리꼴은 모두 몇 개일까요?

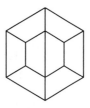

(   )

◀ 크고 작은 사다리꼴을 모두 찾는 문제

5 오른쪽은 사다리꼴 ㄱㄴㄷㄹ 안에 선분 ㄱㄴ과 평행한 선분 ㄹㅁ을 그은 것입니다. 사각형 ㄱㄴㅁㄹ의 네 변의 길이의 합은 몇 cm일까요?

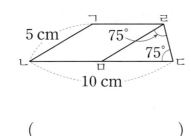

(   )

◀ 도형의 성질을 이용하여 길이를 구하는 문제

6 오른쪽 직사각형에서 ㉠은 몇 도일까요?

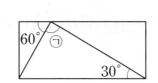

(   )

◀ 사각형의 성질을 이용하여 각도를 구하는 문제

4
단원

사
각
형

1 크기가 다른 정사각형 가, 나를 겹치지 않게 이어 붙인 것입니다. 변 ㄱㄴ과 변 ㄹㄷ이 서로 평행할 때 변 ㄱㄴ과 변 ㄹㄷ 사이의 거리는 몇 cm일까요?

풀이

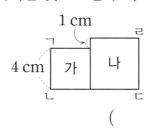

(   )

2 직사각형 모양의 종이띠 2개를 겹쳤습니다. ㉠의 각도는 몇 도인지 구하세요.

풀이

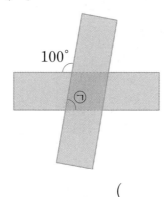

(   )

3 직선 ㄱㄴ은 직선 ㄷㄹ에 대한 수선입니다. 각 ㄱㅊㄷ을 똑같은 크기의 각 6개로 나누었을 때 각 ㅇㅊㄴ의 크기를 구하세요.

풀이

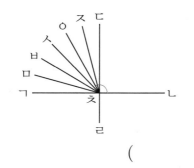

(   )

4 사각형 ㄱㄴㄷㄹ은 마름모이고, 삼각형 ㄱㅁㅂ은 정삼각형입니다. 점 ㄷ이 변 ㅁㅂ의 가운데 점일 때, ㉠은 몇 도인지 구하세요.

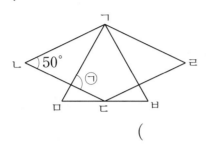

(   )

풀이

5 직선 가와 직선 나는 서로 평행합니다. ㉠은 몇 도인지 구하세요.

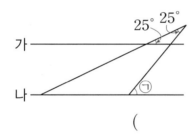

(   )

풀이

6 그림에서 선분 ㄱㄷ은 선분 ㄴㄹ에 대한 수선입니다. ㉠은 몇 도인지 구하세요.

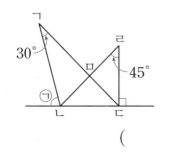

(   )

풀이

4
단원

사
각
형

7 오른쪽 도형에서 선분 ㄴㄷ과 선분 ㄱㅂ은 서로 평행하고 이 두 평행선 사이의 거리는 5 cm입니다. 삼각형 ㄱㅂㄹ의 세 변의 길이의 합은 몇 cm일까요?

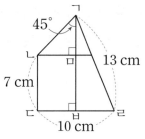

(   )

풀이

8 오른쪽에서 사각형 ㅅㄹㅁㅂ과 사각형 ㅅㄷㄹㅂ은 마름모이고, 사각형 ㄱㄴㄷㅅ은 정사각형입니다. 각 ㅂㄹㄴ의 크기를 구하세요.

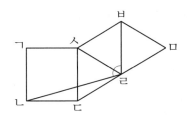

(   )

풀이

9 사각형 ㄱㄴㄷㅁ은 평행사변형이고, 사각형 ㄱㄷㄹㅁ은 마름모입니다. 각 ㄱㄹㅁ의 크기를 구하세요.

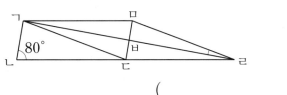

(   )

풀이

10 직선 가와 직선 나는 서로 평행합니다. ㉠은 몇 도인지 구하세요.

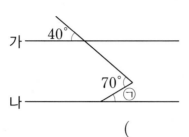

(   )

풀이

11 오른쪽은 마름모 모양의 종이를 접은 것입니다. 각 ㅁㄷㅂ과 각 ㅂㄷㄹ의 크기가 같을 때 ㉠은 몇 도인지 구하세요.

(   )

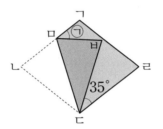

풀이

12 사각형 ㄱㄴㄷㄹ은 평행사변형입니다. 사각형 ㄱㄴㄷㄹ의 네 변의 길이의 합은 몇 cm일까요?

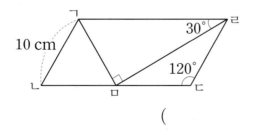

(   )

풀이

코딩형

13 규칙에 따라 수선을 그어 무늬를 만들려고 합니다. 무늬를 다 만들었을 때 처음 2 cm짜리 선분과 마지막으로 그은 선분 사이의 거리는 몇 cm일까요?

2 cm
3 cm
4 cm

규칙

① 점에서 오른쪽으로 2 cm짜리 선분을 긋습니다.

② 시계 방향으로 선분의 수선의 길이를 1 cm 늘려 긋습니다.

③ ②를 총 6번 반복합니다.

(   )

풀이

14 사다리꼴 ㄱㄴㄷㄹ을 그림과 같이 접었습니다. 선분 ㄱㄴ과 선분 ㄹㅊ, 선분 ㄱㅈ과 선분 ㄹㄷ이 서로 평행할 때 ㉠은 몇 도인지 구하세요.

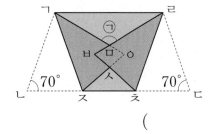

(   )

풀이

1 평행사변형 ㄱㄴㄷㄹ에서 각 ㄴㄱㅁ과 각 ㅁㄱㄹ의 크기는 같습니다. 각 ㄱㅁㄷ의 크기는 몇 도인지 구하세요.

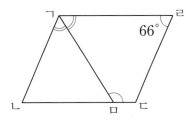

풀이

답 _____

2 1 m 앞으로 가는 데 20초 걸리고 방향을 10° 바꾸는 데 2초가 걸리는 로봇이 있습니다. 직선 가와 직선 나가 서로 수직으로 만날 때 이 로봇이 출발점에서 출발하여 도착점까지 선분을 따라 가는 데 걸리는 시간은 몇 초인지 구하세요. (단, 로봇은 왼쪽으로만 돌고 중간에 멈추거나 쉬는 경우는 생각하지 않습니다.)

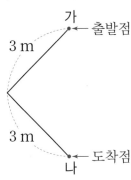

풀이

답 _____

3 모양과 크기가 같은 평행사변형 2개와 모양과 크기가 같은 이등변삼각형 3개를 오른쪽 그림과 같이 겹치지 않게 이어 붙였습니다. 선분 ㄱㅇ이 이루는 각의 크기가 180° 일 때, 각 ㄹㅁㅂ의 크기는 몇 도인지 구하세요.

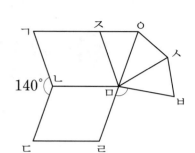

풀이

답 _____

4 직선 가와 직선 나는 서로 평행하고, 선분 ㄱㄴ과 선분 ㄷㄹ은 서로 평행합니다. ㉠과 ㉡의 합은 몇 도일까요?

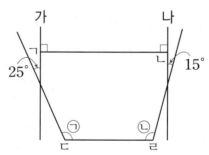

풀이

답 _____

수학자 탈레스와 유클리드를 알고 있나요?

탈레스와 유클리드는 그리스의 수학자예요. 탈레스의 정리와 유클리드의 5대 공리를 이용하면 평행선과 한 직선이 만날 때 생기는 반대쪽의 각의 크기가 같다는 사실을 알 수 있어요.

만나는 직선에 의해 생긴 맞꼭지각의 크기는 서로 같습니다.

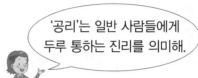

〈유클리드의 5대 공리〉

1. 두 점을 지나는 직선은 하나밖에 존재하지 않습니다.
2. 선분은 무한히 늘릴 수 있습니다.
3. 한 점을 중심으로 어떤 길이를 반지름으로 하는 원을 그릴 수 있습니다.
4. 직각은 모두 서로 같습니다.
5. 직선과 한 점이 주어졌을 때 주어진 직선과 평행하면서 점을 지나는 직선은 하나밖에 없습니다.

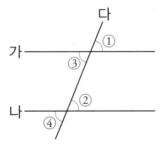

유클리드 공리 5번에 의해 직선 가와 평행한 직선 나를 그을 수 있어요. 평행선과 모두 만나는 직선 다를 그었을 때 평행선과 한 직선이 만날 때 생기는 같은 쪽의 각의 크기는 같으므로 ①＝②이고, 탈레스의 정리에 따라 ③, ④는 각각 ①, ②의 맞꼭지각으로 크기가 같아요.
따라서 ①＝②＝③＝④에서 ②＝③이므로 반대쪽의 각의 크기가 같다는 사실을 알 수 있어요.

5

꺾은선그래프

단원의 흐름

이전에 배운 내용 [4-1] 막대그래프

이번에 배울 내용

꺾은선그래프

물결선을 사용하여 나타낸 꺾은선그래프

꺾은선그래프로 나타내기

알맞은 그래프로 나타내기

다음에 배울 내용 [5-2] 평균과 가능성

꼭! 알아야 할 대표 유형

유형 **1** 중간값을 예상하여 구하는 문제

유형 **2** 창의·융합형 문제

유형 **3** 조사한 전체 자료 값을 이용하여 구하는 문제

유형 **4** 두 개의 꺾은선이 있는 그래프에서 내용을 알아보는 문제

유형 **5** 세로 눈금 한 칸의 크기를 다르게 하여 구하는 문제

유형 **6** 꺾은선그래프를 완성하는 문제

① 꺾은선그래프

- 꺾은선그래프: 연속적으로 변화하는 양을 점으로 표시하고, 그 점들을 선분으로 이어 그린 그래프
- 막대그래프와 꺾은선그래프 비교하기

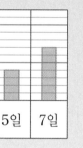

고구마 싹의 키

고구마 싹의 키

같은 점	① 고구마 싹의 키를 나타냅니다. ② 가로는 날짜, 세로는 키를 나타냅니다. ③ 세로 눈금 한 칸이 나타내는 크기가 1 cm로 같습니다.
다른 점	막대그래프는 막대로, 꺾은선그래프는 선분으로 나타냅니다.

초6-1 연계

* **띠그래프**: 전체에 대한 각 부분의 비율을 띠 모양에 나타낸 그래프

좋아하는 과목별 학생 수

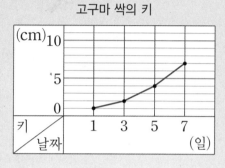

국어 (30 %)	수학 (15 %)	음악 (15 %)	체육 (15 %)	기타 (25 %)

* **원그래프**: 전체에 대한 각 부분의 비율을 원 모양에 나타낸 그래프

여행가고 싶은 나라별 학생 수

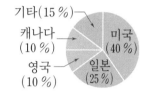

기타(15 %)
캐나다(10 %)
영국(10 %)
미국(40 %)
일본(25 %)

② 물결선을 사용하여 나타낸 꺾은선그래프

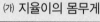

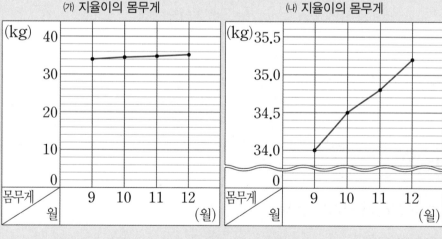

(가) 지율이의 몸무게

(나) 지율이의 몸무게

(1) (가)는 물결선이 없고, (나)는 물결선이 있습니다.

(2) 세로 눈금 한 칸의 크기가 (가)는 2 kg, (나)는 0.1 kg입니다.

(3) (나)와 같이 필요 없는 부분을 물결선으로 줄여서 나타내면 자료가 변화하는 모습을 쉽게 알 수 있습니다.

(4) 지율이의 몸무게의 변화가 가장 큰 때는 9월과 10월 사이입니다.

개념 PLUS

* **자료의 변화 모습**

 변화가 크다.

 변화가 작다.

변화가 없다.

[1~4] 어느 도시의 월별 강수량을 조사하여 나타낸 꺾은선그래프입니다. 물음에 답하세요.

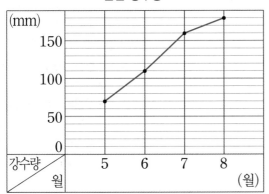

월별 강수량

1 꺾은선그래프에서 꺾은선이 나타내는 것에 ◯표 하세요.

지역별 강수량 ( )

월별 강수량의 변화 ( )

2 세로 눈금 한 칸은 몇 mm를 나타낼까요?
( )

3 7월의 강수량은 몇 mm일까요?
( )

4 강수량이 가장 많은 때는 몇 월일까요?
( )

[5~8] 신영이의 체온을 매 시각마다 재어서 나타낸 꺾은선그래프입니다. 물음에 답하세요.

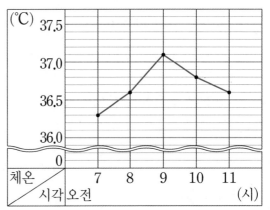

신영이의 체온

5 위 그래프에서 물결선을 몇 ℃와 몇 ℃ 사이에 넣었을까요?
( )

6 신영이의 체온이 가장 높은 때는 몇 ℃일까요?
( )

7 꺾은선그래프를 보고 신영이의 체온을 바르게 설명한 것을 찾아 기호를 쓰세요.

> ㉠ 체온이 계속 올라갔습니다.
> ㉡ 체온이 오전 9시까지 올랐다가 이후로 떨어졌습니다.

( )

8 신영이의 체온이 오전 9시에는 오전 7시보다 몇 ℃ 더 올랐을까요?
( )

③ 꺾은선그래프로 나타내기

① 가로와 세로 중 어느 쪽에 조사한 수를 나타낼 것인지 정합니다.
② 세로 눈금 한 칸의 크기와 눈금의 수를 정합니다.
③ 필요 없는 부분이 있으면 물결선으로 줄입니다.
④ 가로 눈금과 세로 눈금이 만나는 자리에 점을 찍습니다.
⑤ 찍은 점들을 선분으로 잇습니다.
⑥ 그래프에 알맞은 제목을 붙입니다.

산세베리아의 키

날짜(일)	1	3	5	7	9
키(cm)	21.5	22.1	22.4	22.8	23.1

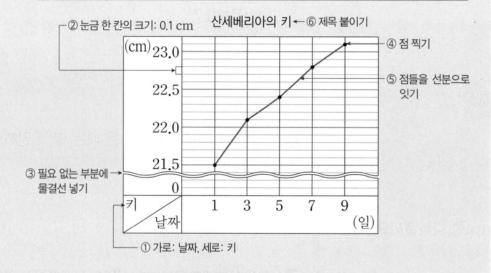

개념 PLUS ⊕

＊ **왼쪽 꺾은선그래프에서 조사하지 않은 값 예상하기**
산세베리아의 5일의 키: 22.4 cm
산세베리아의 7일의 키: 22.8 cm
➜ 6일의 키는 22.4 cm와 22.8 cm의 중간값인 22.6 cm라고 예상할 수 있습니다.

④ 알맞은 그래프로 나타내기

• 그림그래프나 막대그래프는 항목별 수량을 비교하는 데 편리합니다.
• 꺾은선그래프는 시간에 따른 자료의 변화를 살펴보는 데 편리합니다.

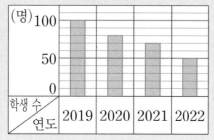

예 마을별 초등학생 수

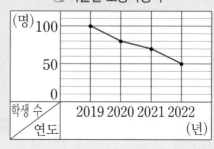

예 마을별 초등학생 수

개념 PLUS ⊕

＊ **자료를 수집하여 꺾은선그래프로 나타내기**
• 자료 수집하는 방법: 인터넷, 신문, 설문 조사, 직접 손 들기 등
• 순서
① 주제 정하기
② 자료 수집하기
③ 표로 나타내기
④ 꺾은선그래프로 나타내기

[1~4] 영미가 월별로 읽은 책의 수를 조사하여 나타낸 표입니다. 물음에 답하세요.

책의 수

월	7	8	9	10	11
책의 수(권)	15	12	9	8	5

1 표를 보고 꺾은선그래프를 그릴 때 가로에 월을 나타낸다면 세로에는 무엇을 나타내야 할까요?

( )

창의력

2 세로 눈금 한 칸을 얼마로 하면 좋을까요?

( )

3 위의 표를 보고 꺾은선그래프로 나타내어 보세요.

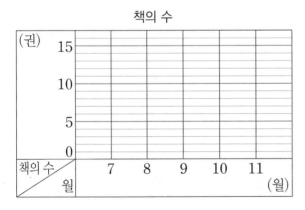

책의 수

4 읽은 책 수의 변화가 가장 작은 때는 몇 월과 몇 월 사이일까요?

( )

[5~7] 지방 자치 단체에서 자전거를 대여해 줍니다. 다음은 자전거 대여 수를 조사한 자료입니다. 물음에 답하세요.

> 월요일에 230대, 화요일에 238대, 수요일에 242대, 목요일에 252대, 금요일에 240대의 자전거를 대여해 주었습니다.

5 자료를 표로 정리하여 보세요.

자전거 대여 수

요일	월	화	수	목	금
자전거 수(대)	230				

6 위 **5**의 표를 보고 꺾은선그래프로 나타내어 보세요.

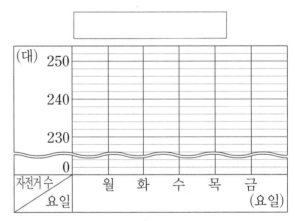

7 자전거 대여 수가 전날에 비해 줄어든 날은 무슨 요일일까요?

( )

1 막대그래프와 꺾은선그래프를 사용하는 경우

- 막대그래프를 사용하는 경우: 자료의 양을 비교할 때
  ⑩ 학년별 학생 수, 지역별 강수량
- 꺾은선그래프를 사용하는 경우: 자료의 변화 정도를 알아볼 때
  ⑩ 나이별 키, 월별 강수량

1 개념 플러스 문제

매년 졸업생 수의 변화를 알아보려고 할 때 막대그래프와 꺾은선그래프 중 어느 것으로 나타내면 좋을까요?

(   )

2 물결선을 사용한 꺾은선그래프 알아보기

⑩시 물결선을 사용한 꺾은선그래프 알아보기

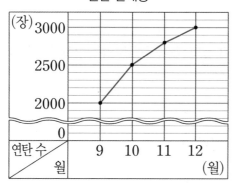

연탄 판매량

- 세로 눈금 0부터 2000까지 물결선으로 나타내었습니다.
- 12월의 연탄 판매량은 9월의 연탄 판매량보다
  $3000-2000=1000$(장) 늘었습니다.
  └→ 12월 판매량 └→ 9월 판매량

2 개념 플러스 문제

재우가 키우는 식물의 키를 매월 1일에 조사하여 물결선을 사용한 꺾은선그래프로 나타낸 것입니다. 3월 1일부터 7월 1일까지 몇 cm 자랐을까요?

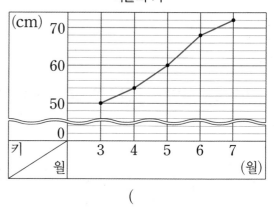

식물의 키

(   )

3 꺾은선그래프의 특징 알아보기

- 늘어나고 줄어드는 변화를 쉽게 알 수 있습니다.

오른쪽이 올라감.   오른쪽이 내려감.   변화 없음.
➡ 값이 늘어남.   ➡ 값이 줄어듦.

Check Point
- 선분이 많이 기울어질수록 변화가 큽니다.

3 개념 플러스 문제

위 **2**의 꺾은선그래프에서 식물의 키가 가장 많이 자란 때는 몇 월과 몇 월 사이일까요?
(   )

4 꺾은선그래프를 보고 예상하기

예시 물결선을 사용한 꺾은선그래프를 보고 예상하기

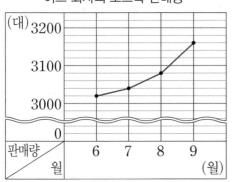

어느 회사의 노트북 판매량

예상 6월부터 9월까지 노트북 판매량이 계속 늘어났으므로 10월에도 노트북 판매량이 9월보다 늘어날 것입니다.

4 개념 플러스 문제

졸업생 수를 조사하여 나타낸 꺾은선그래프입니다. 꺾은선그래프를 보고 2025년의 졸업생 수의 변화를 예상하여 쓰세요.

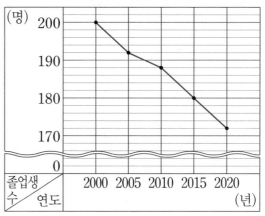

졸업생 수

예상 _____

5 표를 보고 꺾은선그래프 그리기

• 꺾은선그래프를 그릴 때 주의할 점
  ① 그래프에서 꺾은선을 그릴 때 점과 점을 선분으로 반듯하게 이어야 합니다.

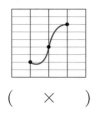 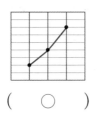

(×)   (○)

  ② 조사한 수 중에서 가장 큰 수까지 나타낼 수 있도록 눈금의 수를 정합니다.
  ③ 제목은 표의 제목과 같게 쓰면 됩니다.

5 개념 플러스 문제

5월에 어느 마을의 아침 최저 기온을 조사하여 나타낸 표입니다. 표를 보고 꺾은선그래프로 나타내어 보세요.

아침 최저 기온

날짜(일)	2	4	6	8	10
기온(℃)	9	8	10	12	15

아침 최저 기온

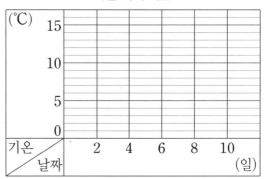

하이레벨 탐구

대표 유형 **1** 중간값을 예상하여 구하는 문제

오른쪽은 은서가 거실의 온도를 한 시간마다 조사하여 나타낸 꺾은선그래프입니다. 오전 10시 30분의 온도는 몇 ℃ 정도였을 것이라고 예상할 수 있을까요?

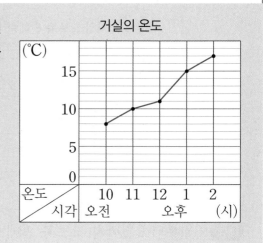

거실의 온도

문제해결 Key

오전 10시 30분의 온도는 오전 10시와 오전 11시 온도의 중간값으로 예상할 수 있습니다.

(1) 오전 10시의 온도는 몇 ℃일까요?

(   )

(2) 오전 11시의 온도는 몇 ℃일까요?

(   )

(3) 오전 10시 30분의 온도는 몇 ℃ 정도였을까요?

(   )

체크 1-1

오른쪽은 시연이가 운동장의 온도를 2시간마다 조사하여 나타낸 꺾은선그래프입니다. 오전 9시의 온도는 몇 ℃ 정도였을 것이라고 예상할 수 있는지 풀이 과정을 쓰고 답을 구하세요. 5점

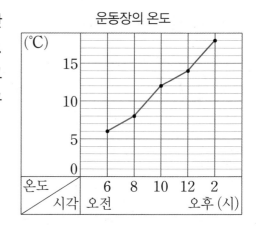

운동장의 온도

풀이

_____

_____

_____

답 _____

대표 유형 2 | 창의·융합형 문제

지구 온난화에 따른 수온 상승 때문에 최근 동해안에서 덥고 비가 많은 아열대성 지역의 어종들이 잇따라 발견되고 있습니다. 오른쪽은 동주네 마을에서 잡은 아열대성 물고기 수를 매년 조사하여 나타낸 꺾은선그래프입니다. 2024년에는 아열대성 물고기를 몇 마리 잡을지 예상하여 보세요.

동해안에서 잡히는 아열대성 물고기

철갑둥어

청새치

잡은 아열대성 물고기 수

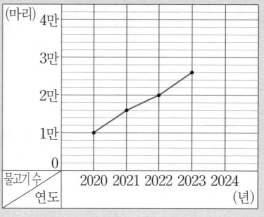

문제해결 Key

2022년과 2023년 사이의 꺾은선의 기울기와 같은 기울기로 선을 그어 2024년에 물고기를 몇 마리 잡을지 예상해 봅니다.

(1) 잡은 아열대성 물고기 수가 2023년과 2024년 사이에 늘어난 양이 2022년과 2023년 사이에 늘어난 양과 같다고 생각하여 그래프를 완성해 보세요.

(2) 위 (1)과 같이 완성한 그래프를 보면 2024년에 아열대성 물고기를 몇 마리 잡을 거라 예상할 수 있을까요?

(   )

체크 2-1

지운이는 집에서 콩나물을 길렀습니다. 콩을 물에 불려서 물 빠짐이 좋은 용기에 담아 햇빛을 차단하도록 검은 천으로 덮고 수시로 물을 부어 주었습니다. 오른쪽은 지운이가 기르는 콩나물의 키를 매일 조사하여 나타낸 꺾은선그래프입니다. 5일에는 콩나물의 키가 몇 cm일지 오른쪽 그래프에 나타내어 예상하여 보세요.

콩나물의 키

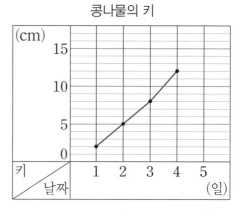

(   )

대표 유형 3 조사한 전체 자료 값을 이용하여 구하는 문제

오른쪽은 어느 문구점의 월별 공책 판매량을 조사하여 나타낸 꺾은선그래프입니다. 공책 한 권이 1000원일 때 1월부터 5월까지 판 공책의 판매액은 모두 얼마일까요?

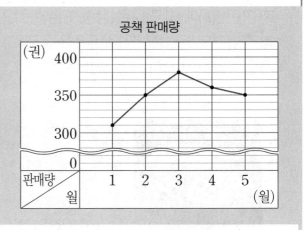

공책 판매량

문제해결 Key

1월부터 5월까지 공책의 판매량의 합을 구하여 공책의 값을 곱합니다.

(1) 세로 눈금 한 칸은 몇 권을 나타낼까요?

(   )

(2) 1월부터 5월까지 조사한 기간 동안 공책의 판매량은 모두 몇 권일까요?

(   )

(3) 1월부터 5월까지 공책의 판매액은 모두 얼마일까요?

(   )

체크 3-1

어느 가게의 요일별 라면 판매량을 조사하여 나타낸 꺾은선그래프입니다. 라면 한 그릇이 2000원일 때 월요일부터 금요일까지 라면의 판매액은 모두 얼마일까요?

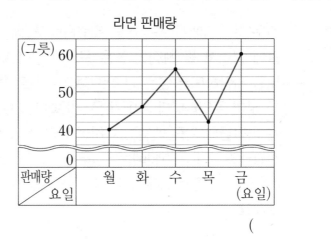

라면 판매량

(   )

대표 유형 4 · 두 개의 꺾은선이 있는 그래프에서 내용을 알아보는 문제

오른쪽은 경준이와 서현이가 매일 한 팔굽혀펴기 기록을 나타낸 꺾은선그래프입니다. 두 사람의 팔굽혀펴기 기록의 차가 가장 작은 때의 기록의 차는 몇 회일까요?

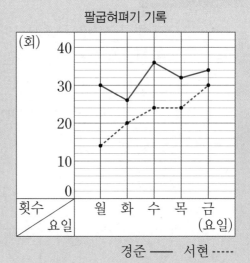

팔굽혀펴기 기록

경준 —— 서현 ----

문제해결 Key

두 꺾은선의 점 사이의 간격이 가장 작은 때를 찾아 눈금 수의 차를 알아봅니다.

(1) 두 사람의 팔굽혀펴기 기록의 차가 가장 작은 때는 무슨 요일일까요?

( )

(2) 두 사람의 팔굽혀펴기 기록의 차가 가장 작은 때의 기록의 차는 몇 회일까요?

( )

체크 4-1

재연이와 찬영이의 월별 멀리뛰기 최고 기록을 나타낸 꺾은선그래프입니다. 두 사람의 멀리뛰기 최고 기록의 차가 가장 큰 때는 몇 월이고, 이때의 멀리뛰기 최고 기록의 차는 몇 cm일까요?

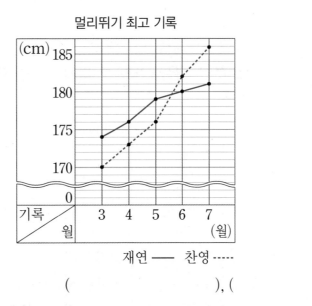

멀리뛰기 최고 기록

재연 —— 찬영 ----

( ), ( )

대표 유형 **5** 세로 눈금 한 칸의 크기를 다르게 하여 구하는 문제

어느 도시의 월별 강수량을 조사하여 나타낸 꺾은선그래프입니다. 세로 눈금 한 칸의 크기를 20 mm 로 하여 꺾은선그래프를 다시 그리면 9월과 10월의 세로 눈금은 몇 칸 차이가 날까요?

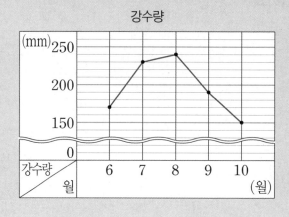

강수량

문제해결 Key

9월과 10월의 강수량의 차를 구한 다음 세로 눈금 한 칸의 크기로 나눕니다.

(1) 이 도시의 9월과 10월의 강수량은 각각 몇 mm일까요?

9월 (   ), 10월 (   )

(2) 이 도시의 9월과 10월의 강수량의 차는 몇 mm일까요?

(   )

(3) 세로 눈금 한 칸의 크기를 20 mm로 하면 몇 칸 차이가 날까요?

(   )

체크 5-1 지수의 주별 최고 타수를 나타낸 꺾은선그래프입니다. 세로 눈금 한 칸의 크기를 5 타로 하여 꺾은선그래프를 다시 그리면 3주와 4주의 세로 눈금은 몇 칸 차이가 날까요?

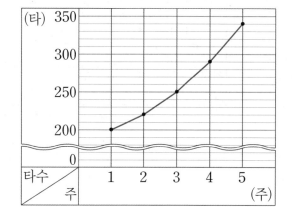

지수의 최고 타수

(   )

대표 유형 6 꺾은선그래프를 완성하는 문제

오른쪽은 어느 마을의 사과 생산량을 매년 조사하여 나타낸 꺾은선그래프입니다. 2013년부터 2017년까지의 사과 생산량의 합은 2790상자이고 2016년과 2017년의 생산량은 같습니다. 꺾은선그래프를 완성하세요.

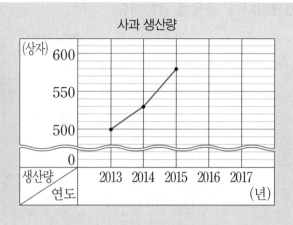

사과 생산량

문제해결 Key

2016년과 2017년의 사과 생산량의 합을 구하여 각각 ■상자라 놓고 식을 세웁니다.

(1) 2016년과 2017년의 사과 생산량의 합은 몇 상자일까요?

(   )

(2) 2016년과 2017년의 사과 생산량을 각각 ■상자라 놓고 식을 세워서 ■를 구하세요.

$■+■=\boxed{}$, $■=\boxed{}$

(3) 위의 꺾은선그래프를 완성하세요.

체크6-1

오른쪽은 어느 가게의 월별 에어컨 판매량을 나타낸 꺾은선그래프입니다. 4월부터 8월까지 에어컨 판매량은 모두 570대이고 8월의 판매량은 7월보다 30대 줄었습니다. 풀이 과정을 쓰고 꺾은선그래프를 완성하세요. 5점

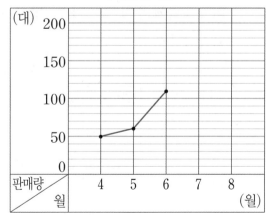

에어컨 판매량

풀이 _____

_____

_____

[1~2] 어느 지역의 해수면의 높이를 시각별로 조사하여 나타낸 꺾은선그래프입니다. 물음에 답하세요.

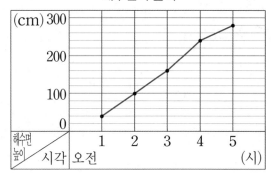

1 오전 3시 30분의 해수면 높이는 몇 cm일까요?

( )

◀ 중간값을 예상하여 구하는 문제

2 세로 눈금 한 칸의 크기를 10 cm로 하여 꺾은선그래프를 다시 그리면 오전 2시와 오전 3시의 세로 눈금은 몇 칸 차이가 날까요?

( )

◀ 세로 눈금 한 칸의 크기를 다르게 하여 구하는 문제

3 성태와 은영이의 수학 점수를 나타낸 꺾은선그래프입니다. 3월에 비해 7월에 수학 점수가 더 많이 오른 사람은 누구이고, 몇 점 올랐을까요?

◀ 두 개의 꺾은선이 있는 그래프에서 내용을 알아보는 문제

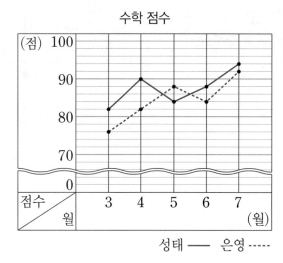

( ), ( )

4 태하네 아파트의 음식물 쓰레기 배출량을 조사하여 나타낸 꺾은선 그래프입니다. 일주일 동안의 음식물 쓰레기 배출량은 404 kg이고, 토요일에는 금요일보다 5 kg 더 많고, 일요일에는 토요일보다 3 kg 더 많습니다. 꺾은선그래프를 완성하세요.

◀ 꺾은선그래프를 완성하는 문제

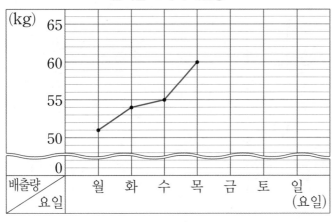

음식물 쓰레기 배출량

5 재하와 예지의 몸무게를 매년 3월에 조사하여 나타낸 꺾은선그래프입니다. 2학년 9월에 두 사람의 몸무게의 차는 몇 kg 정도일까요?

◀ 두 개의 꺾은선이 있는 그래프에서 중간값을 예상하여 구하는 문제

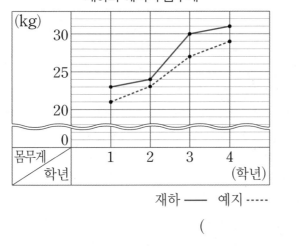

재하와 예지의 몸무게

재하 —— 예지 ------

(   )

STEP 3 | 하이레벨 심화

1 어느 병원의 월별 출생아 수를 조사하여 나타낸 꺾은선그
래프입니다. 5월의 출생아 수가 4월보다 5명 더 많다면 1월
부터 5월까지의 출생아는 모두 몇 명일까요?

출생아 수

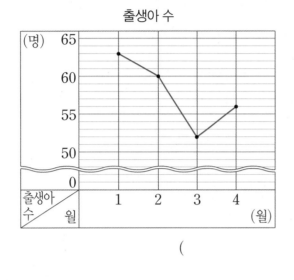

(   )

풀이

2 수아가 물에 따른 강낭콩 싹의 키를 관찰하여 나타낸 꺾은
선그래프입니다. 물을 준 강낭콩 싹과 물을 주지 않은 강낭
콩 싹의 키의 차가 가장 큰 때는 언제이고, 이때의 키의 차
는 몇 cm일까요?

강낭콩 싹의 키

물을 준 강낭콩 ——
물을 주지 않은 강낭콩 ·····

(   ), (   )

풀이

3 가, 나 회사의 컴퓨터 판매량을 나타낸 꺾은선그래프입니다. 컴퓨터 판매량이 가장 많았던 해와 가장 적었던 해의 판매량의 차가 더 큰 회사는 어디인지 찾아 쓰세요.

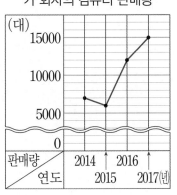

가 회사의 컴퓨터 판매량

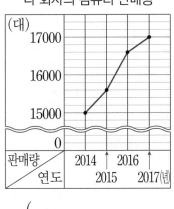

나 회사의 컴퓨터 판매량

( )

 풀이

4 어느 날의 기온을 나타낸 꺾은선그래프입니다. 낮 12시부터 오후 2시까지 올라간 기온이 오후 4시부터 오후 6시까지 내려간 기온의 2배일 때, 꺾은선그래프를 완성하세요.

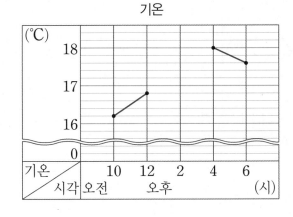

기온

풀이

5 민효의 윗몸 일으키기의 횟수를 조사하여 나타낸 꺾은선 그래프입니다. 조사한 기간 동안 민효가 한 윗몸 일으키기 횟수가 모두 80회일 때, ㉠과 ㉡을 각각 구하세요.

윗몸 일으키기 기록

㉠ (   ), ㉡ (   )

풀이

6 어느 나라의 연도별 외국인 관광객 수와 관광 수입액을 나타낸 꺾은선그래프입니다. 전년도에 비해 관광객은 늘었지만 관광 수입액은 줄어든 해의 관광 수입액은 전년도에 비해서 몇 만 달러 줄었을까요?

외국인 관광객 수   관광 수입액

(   )

풀이

코딩형

7 오른쪽 기호의 명령에 따라 로봇이 그릇에 있는 물의 양을 조절합니다. 처음 그릇에 들어 있던 물이 20 mL이고 다음과 같은 과정을 처음부터 끝까지 4번 반복할 때 과정이 끝날 때마다 물의 양을 조사하여 꺾은선그래프로 나타내어 보세요.

명령
- ∪는 5 mL를 더합니다.
- ∩는 6 mL를 더합니다.
- ∈는 7 mL를 덜어 냅니다.
- ⊒는 8 mL를 덜어 냅니다.

풀이

과정

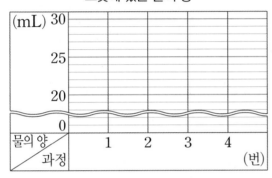

그릇에 있는 물의 양

8 장난감 ㉠, ㉡, ㉢, ㉣을 만드는 공장이 있습니다. 왼쪽은 월별 장난감 생산량을 나타낸 꺾은선그래프이고, 오른쪽은 5월의 종류별 장난감 생산량을 나타낸 막대그래프입니다. 장난감 ㉡ 한 개의 가격은 800원이고, 5월에 생산한 장난감 ㉡은 모두 팔았습니다. 5월에 생산한 장난감 ㉡을 판 금액은 모두 얼마일까요?

풀이

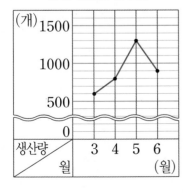

월별 장난감 생산량

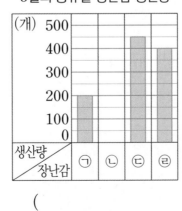

5월의 종류별 장난감 생산량

(   )

경시문제 유형

9 오른쪽은 기차와 버스가 달린 거리를 나타낸 꺾은선그래프입니다. 기차와 버스가 동시에 출발하여 각각 일정한 빠르기로 쉬지 않고 180 km를 간다면 기차는 버스보다 몇 시간 더 빨리 도착할까요?

(　　　　)

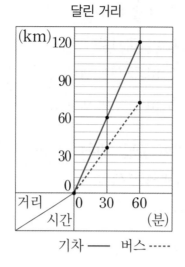

달린 거리

기차 —— 버스······

풀이

경시문제 유형

10 일정한 양의 물이 나오는 2개의 수도꼭지 ㉠과 ㉡이 있습니다. 들이가 200 L인 통에 2개의 수도꼭지로 물을 받다가 도중에 수도꼭지 ㉡을 잠갔을 때 통에 담기는 물의 양을 나타낸 꺾은선그래프입니다. 들이가 120 L인 물통에 수도꼭지 ㉠으로만 먼저 30분 동안 물을 받은 후 수도꼭지 ㉡으로만 물을 받으려고 합니다. 이 물통에 처음부터 물을 가득 채우는 데 걸리는 시간은 몇 분일까요?

풀이

통에 담긴 물의 양

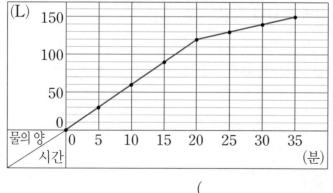

(　　　　)

토론 발표 — 브레인스토밍

1 ㉮와 ㉯ 자동차가 달린 거리를 나타낸 꺾은선그래프입니다. 휘발유 1 L로 ㉮ 자동차는 15 km를, ㉯ 자동차는 14 km를 달릴 수 있다고 할 때, 3시간 30분 후 두 자동차가 사용한 휘발유 양의 차는 몇 L 정도일까요?

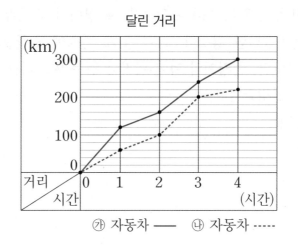

달린 거리

㉮ 자동차 ── ㉯ 자동차 ----

풀이

답 _____

2 그림과 같이 가와 나 지점 사이를 일정한 규칙에 따라 계속해서 왕복하는 공이 있습니다. 오른쪽은 시간에 따른 가 지점과 공 사이의 거리를 나타낸 꺾은선그래프입니다. 가 지점에서 출발하여 2분 30초일 때 공은 가와 나 중 어느 곳에서 출발하여 몇 m 떨어진 곳에 있는지 구하세요.

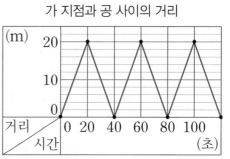

가 지점과 공 사이의 거리

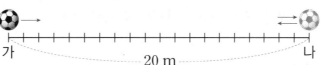

가   20 m   나

풀이

답 _____ , _____

3 오른쪽은 준영이와 형이 집에서 1200 m 떨어진 병원까지 가는 데 시간에 따라 간 거리를 나타낸 꺾은선그래프입니다. 준영이는 형과 동시에 출발하여 5분 동안 뛰다가 그 후로는 걸어서 형과 동시에 병원에 도착했습니다. 준영이가 처음부터 걸어갔다면 형보다 몇 분 늦게 병원에 도착할까요? (단, 준영이와 형이 뛰거나 걷는 빠르기는 각각 일정합니다.)

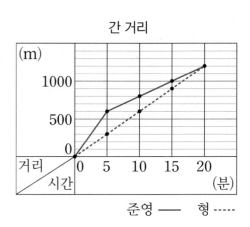

간 거리

준영 ——　형 ------

풀이

답 _____

경시대회 기출문제

4 성주가 매달 저금액을 조사하여 나타낸 꺾은선그래프의 일부입니다. 성주의 저금액이 다음과 같을 때 11월의 저금액은 얼마일까요?

- 8월부터 12월까지 저금액의 합은 35400원입니다.
- (9월의 저금액)<(10월의 저금액)<(11월의 저금액)<7200원
- 9월, 10월, 11월의 저금액은 가로 눈금과 세로 눈금이 만나는 자리에 표시됩니다.

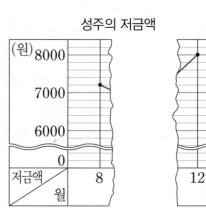

성주의 저금액

풀이

답 _____

생각의 힘

일상생활에서 그래프가 어떻게 활용되는지 알고 있나요?

우리 생활 속에서 그래프는 다양하게 사용되고 있어요. 자료를 그래프로 나타내면 수량의 크기를 비교하거나 수량이 변화하는 것을 한눈에 알아보기 쉬워요. 뿐만 아니라 글로 읽는 것보다 그래프를 보면 더 빠르고 쉽게 내용을 알아볼 수 있답니다. 그래서 신문이나 잡지 등에서 많이 활용되고 있어요. 생활 속에서 다양하게 활용되는 그래프를 찾아볼까요?

주간 날씨

1일 (월)	2일 (화)	3일 (수)	4일 (목)	5일 (금)	6일 (토)	7일 (일)
1/18	7/15	6/8	3/14	6/15	6/12	1/6

일주일 동안 날씨의 최고 기온과 최저 기온을 꺾은 선그래프로 나타냈어.

일별 기온 변화

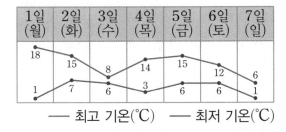

── 최고 기온(℃)　── 최저 기온(℃)

또한, 아래의 그래프처럼 두 자료를 막대그래프와 꺾은선그래프로 한꺼번에 그려서 보여주기도 해요. 이외에도 그래프의 종류에는 원그래프, 띠그래프, 도넛그래프…… 등이 있어요.
그래프로 나타내고자 하는 내용이 무엇인지에 따라 종류를 선택하여 사용하면 된답니다.

출생아 수 및 합계 출산율

2014년 강수량 및 평균 기온

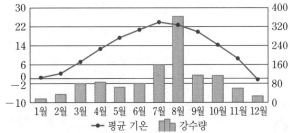

6

다각형

— 단원의 흐름

이전에 배운 내용 [3-1] 평면도형, [4-2] 삼각형

이번에 배울 내용

다각형

정다각형

대각선

모양 만들기

모양 채우기

다음에 배울 내용 [5-2] 직육면체

— 꼭! 알아야 할 대표 유형

유형 1 정다각형의 변의 수를 구하여 이름을 알아보는 문제

유형 2 대각선의 성질을 이용하여 길이 구하는 문제

유형 3 대각선의 수를 구하는 문제

유형 4 대각선의 성질을 이용하여 각도 구하는 문제

유형 5 창의 · 융합형 문제

유형 6 도형을 만드는 데 필요한 모양 조각의 개수 구하는 문제

❶ 다각형

• 다각형: 선분으로만 둘러싸인 도형

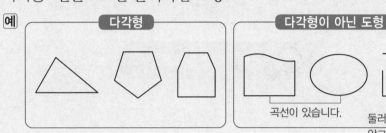

다각형	다각형이 아닌 도형

곡선이 있습니다.

둘러싸여 있지 않고 열려 있습니다.

• 다각형의 이름

다각형의 이름은 변의 수에 따라 정해집니다.

다각형				
변의 수(개)	5	6	7	8
이름	오각형	육각형	칠각형	팔각형

참고 다각형마다 변의 수와 꼭짓점의 수가 각각 같습니다.

개념 PLUS ➕

* **볼록 다각형**: 180°보다 큰 각이 없습니다.

* **오목 다각형**: 180°보다 큰 각이 있습니다.

180°보다 큰 각

➡ 초등학교 과정에서는 볼록 다각형만 다룹니다.

❷ 정다각형

• 정다각형: 변의 길이가 모두 같고, 각의 크기가 모두 같은 다각형

정다각형				
변의 수(개)	3	4	5	6
이름	정삼각형	정사각형	정오각형	정육각형

└→ 정다각형의 이름은 변의 수에 따라 정해집니다.

• 정다각형이 아닌 도형

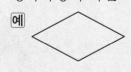

➡ 변의 길이는 모두 같지만 각의 크기가 모두 같지 않으므로 정다각형이 아닙니다.

➡ 각의 크기는 모두 같지만 변의 길이가 모두 같지 않으므로 정다각형이 아닙니다.

개념 PLUS ➕

정칠각형 정팔각형

정구각형

➡ 정다각형의 변의 수가 늘어날수록 원에 가까워집니다.

1 다각형이 <u>아닌</u> 것을 모두 고르세요. (   )

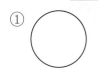 ①   ②   ③

 ④   ⑤

2 오른쪽 도형이 다각형이 <u>아닌</u> 이유를 찾아 기호를 쓰세요.

ㄱ 곡선으로만 둘러싸여 있습니다.
ㄴ 선분만 있으나 둘러싸여 있지 않습니다.
ㄷ 선분과 곡선이 있습니다.

(   )

3 선분으로만 둘러싸여 있고 변이 8개인 도형의 이름을 쓰세요.

(   )

4 정다각형을 모두 찾아 기호를 쓰세요.

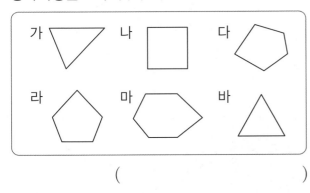

(   )

5 점 종이에 서로 다른 오각형을 2개 그려 보세요.

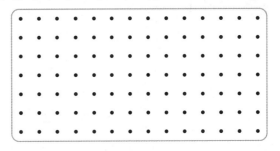

6 보기 에서 설명하는 도형의 이름을 쓰세요.

보기

• 선분으로만 둘러싸인 도형입니다.
• 변과 각이 각각 7개인 도형입니다.
• 변의 길이가 모두 같고, 각의 크기가 모두 같습니다.

(   )

7 두 도형의 변의 수의 차는 몇 개일까요?

육각형   십일각형

(   )

8 정육각형입니다. ㉠의 크기는 몇 도인지 구하세요.

(   )

6단원

다각형

③ 대각선

- 대각선: 다각형에서 선분 ㄱㄷ, 선분 ㄴㄹ과 같이 서로 이웃하지 않는 두 꼭짓점을 이은 선분

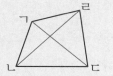

- 대각선의 개수

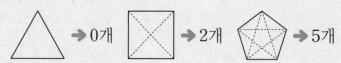

- 사각형에서 대각선의 성질

사다리꼴　　평행사변형　　마름모　　직사각형　　정사각형

① 두 대각선이 서로 수직으로 만나는 사각형 ➡ 마름모, 정사각형

② 두 대각선의 길이가 같은 사각형 ➡ 직사각형, 정사각형

③ 한 대각선이 다른 대각선을 똑같이 둘로 나누는 사각형

　➡ 평행사변형, 마름모, 직사각형, 정사각형

④ 모양 만들기

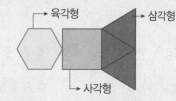

　┌ 삼각형: 3개
　├ 사각형: 1개
　└ 육각형: 1개

⑤ 모양 채우기

모양 조각으로 정육각형 채우기

　모양 조각

① 1가지 모양 조각으로 채우기

② 2가지 또는 3가지 모양 조각으로 채우기

중1 연계 🔗

＊ 다각형의 대각선의 수 구하기
· (한 꼭짓점에서 그을 수 있는 대각선의 수)×(꼭짓점의 수)를 2로 나눕니다.

예 팔각형의 대각선의 수
한 꼭짓점에서 그을 수 있는 대각선의 수: 5개
팔각형의 꼭짓점의 수: 8개
➡ 5×8＝40이므로 팔각형의 대각선의 수는
40÷2＝20(개)입니다.

주의 각 꼭짓점에서 그은 대각선이 2번씩 중복되므로 2로 나누어야 하는 것에 주의합니다.

개념 PLUS ➕

＊ 모양 채우는 방법
① 변끼리 이어 붙입니다.
② 서로 겹치지 않게 이어 붙입니다.
③ 빈틈이 생기지 않게 이어 붙입니다.

1 오각형에 대각선을 모두 그어 보고, 대각선은 모두 몇 개인지 쓰세요.

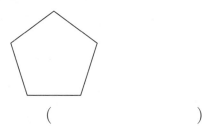

(   )

2 다음 모양을 만드는 데 사용하지 않은 모양에 △표 하세요.

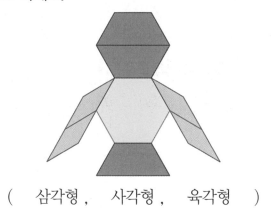

(삼각형 ,   사각형 ,   육각형   )

[3~4] 도형을 보고 물음에 답하세요.

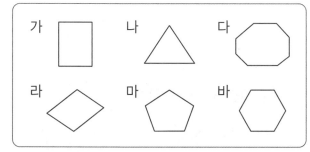

3 대각선을 그을 수 없는 도형을 찾아 기호를 쓰세요.

(   )

4 그을 수 있는 대각선의 수가 가장 많은 도형을 찾아 기호를 쓰세요.

(   )

5 두 대각선이 수직으로 만나는 사각형을 모두 찾아 기호를 쓰세요.

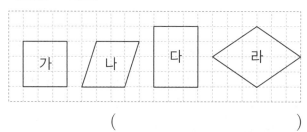

(   )

[6~7] 모양 조각을 보고 물음에 답하세요.

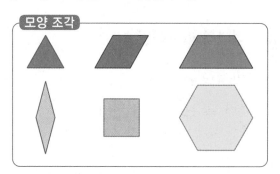

6 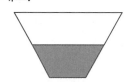 모양 조각을 사용하여 사다리꼴을 채워 보세요.

7 모양 조각으로 나비 모양을 채워 보세요.

6
단원

다
각
형

1 다각형의 이름 알아보기

- 도형의 이름 알아보기
  선분으로만 둘러싸인 도형: 다각형

> 다각형은 변의 수에 따라 이름이 정해집니다.

심화 개념 각의 수가 7개인 다각형: 칠각형
└▸ 변의 수가 7개인 다각형

1 개념 플러스 문제

설명하는 도형의 이름을 쓰세요.

- 선분으로만 둘러싸여 있습니다.
- 변의 수가 6개입니다.

(　　　　　　)

2 정다각형이 아닌 이유

- 정다각형의 조건
  ① 변의 길이가 모두 같아야 합니다.
  ② 각의 크기가 모두 같아야 합니다.

예시 ┈▸ 정사각형이 아닌 이유

각의 크기가 모두 같으나 변의 길이가 모두 같지 않기 때문입니다.

2 개념 플러스 문제

마름모입니다. 정사각형이 아닌 이유를 쓰세요.

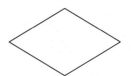

이유 _____

_____

3 정다각형의 한 각의 크기 구하기

삼각형이나 사각형으로 나누어 모든 각의 크기의 합을 구한 후 한 각의 크기를 구합니다.
➡ (정다각형의 한 각의 크기)
　＝(모든 각의 크기의 합)÷(각의 수)

3 개념 플러스 문제

정오각형의 한 각의 크기는 몇 도인지 구하세요.

(1) 삼각형 3개로 나누고 정오각형의 모든 각의 크기의 합은 몇 도인지 구하세요.

(　　　　　　)

(2) 정오각형의 한 각의 크기는 몇 도일까요?

(　　　　　　)

4 대각선의 수 구하기

· 한 꼭짓점에서 그을 수 있는 대각선의 수

삼각형	사각형	오각형	육각형
0개	1개	2개	3개

➡ (꼭짓점의 수)−3

· 대각선의 수 구하기

(한 꼭짓점에서 그을 수 있는 대각선 수)
×(꼭짓점 수)를 2로 나눕니다.
    ↳ 모든 꼭짓점에서 대각선을
        그어 보면 2개씩 겹칩니다.

4 개념 플러스 문제

육각형에 그을 수 있는 대각선은
모두 몇 개인지 구하세요.

(1) 한 꼭짓점에서 그을 수 있는
    대각선은 몇 개일까요?

(   )

(2) 그을 수 있는 대각선은 모두 몇 개일까요?

(   )

6
단원

다
각
형

5 모양 만들기에 사용된 다각형의 개수

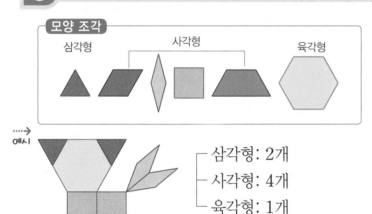

예시

─ 삼각형: 2개
─ 사각형: 4개
─ 육각형: 1개

5 개념 플러스 문제

모양 조각을 사용하여 다음 모양을 만들 때 사
각형 모양 조각은 몇 개 사용했을까요?

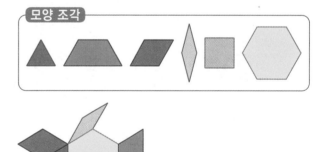

(   )

6 모양 조각으로 도형 채우기

예시 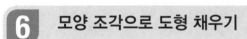 로 육각형 채우기

6 개념 플러스 문제

모양 조각을 사용하여 서로 다른 방법으로 평행
사변형을 채워 보세요.

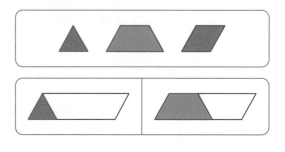

STEP 2 하이레벨 탐구

대표 유형 1 정다각형의 변의 수를 구하여 이름을 알아보는 문제

한 변이 3 cm인 정다각형을 한 개 그렸습니다. 이 정다각형의 모든 변의 길이의 합이 오른쪽 정사각형의 네 변의 길이의 합과 같다면 그린 정다각형의 이름은 무엇일까요?

6 cm

문제해결 Key

정사각형의 네 변의 길이의 합을 그린 정다각형의 한 변의 길이로 나누면 그린 정다각형의 변의 수를 구할 수 있습니다.

(1) 주어진 정사각형의 네 변의 길이의 합은 몇 cm일까요?

( )

(2) 그린 정다각형의 변의 수는 몇 개일까요?

( )

(3) 그린 정다각형의 이름은 무엇일까요?

( )

체크 1-1 성수는 한 변이 6 cm인 정다각형을 한 개 그렸습니다. 성수가 그린 정다각형의 모든 변의 길이의 합이 오른쪽 정삼각형의 세 변의 길이의 합과 같다면 성수가 그린 정다각형의 이름은 무엇일까요?

12 cm

( )

체크 1-2 길이가 128 cm인 끈을 겹치지 않게 모두 사용하여 한 변이 8 cm인 정육각형과 한 변이 16 cm인 정다각형을 한 개씩 만들었습니다. 한 변이 16 cm인 정다각형의 이름은 무엇일까요?

( )

대표 유형 2 대각선의 성질을 이용하여 길이 구하는 문제

오른쪽은 직사각형 ㄱㄴㄷㄹ 안에 각 변의 가운데를 선분으로 이어 마름모 ㅁㅂㅅㅇ을 그린 것입니다. 마름모 ㅁㅂㅅㅇ의 모든 대각선의 길이의 합은 몇 cm일까요?

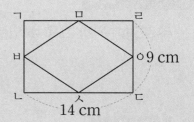

문제해결 Key

마름모의 대각선은 서로 수직으로 만납니다.

(1) 마름모의 대각선은 몇 개일까요?

(   )

(2) 알맞은 말에 ◯표 하세요.

마름모의 대각선인 선분 ㅂㅇ은 직사각형의 (가로 , 세로)와 길이가 같고 선분 ㅁㅅ은 직사각형의 (가로 , 세로)와 길이가 같습니다.

(3) 마름모 ㅁㅂㅅㅇ의 모든 대각선의 길이의 합은 몇 cm일까요?

(   )

체크 2-1

오른쪽은 똑같은 크기의 정사각형을 2개 겹쳐 놓은 것입니다. ㉠과 ㉡의 길이의 합은 몇 cm일까요?

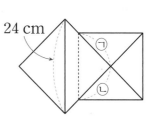

(   )

체크 2-2

오른쪽은 한 변이 20 cm인 정사각형 안에 꼭 맞게 원을 그리고, 그 원 위의 네 점을 이어 정사각형 ㄱㄴㄷㄹ을 그린 것입니다. 선분 ㄱㅇ의 길이는 몇 cm인지 풀이 과정을 쓰고 답을 구하세요. [5점]

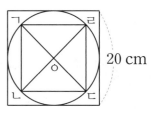

풀이 _____

_____

_____

답 _____

대표 유형 3 대각선의 수를 구하는 문제

두 도형에 각각 그을 수 있는 대각선 수의 차는 몇 개인지 구하세요.

사각형,   육각형

문제해결 Key

다각형의 대각선 수는 한 꼭짓점에서 그을 수 있는 대각선 수에 꼭짓점 수를 곱하여 2로 나눈 수입니다.

(1) 사각형에 그을 수 있는 대각선 수는 몇 개일까요?

(   )

(2) 육각형에 그을 수 있는 대각선 수는 몇 개일까요?

(   )

(3) 두 도형에 그을 수 있는 대각선 수의 차는 몇 개일까요?

(   )

체크 3-1 두 도형에 각각 그을 수 있는 대각선 수의 차는 몇 개인지 구하세요.

오각형,   구각형

(   )

체크 3-2 두 도형에 각각 그을 수 있는 대각선 수의 합은 몇 개인지 구하세요.

칠각형,   팔각형

(   )

대표 유형 **4** 대각선의 성질을 이용하여 각도 구하는 문제

오른쪽 직사각형 ㄱㄴㄷㄹ에서 각 ㄱㄹㅁ의 크기는 몇 도일까요?

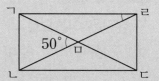

문제해결 Key

직사각형의 두 대각선은 길이가 같고 한 대각선이 다른 대각선을 똑같이 둘로 나눕니다.

(1) 알맞은 말에 ◯표 하세요.

　　　삼각형 ㄱㅁㄹ은 (정삼각형 , 이등변삼각형)입니다.

(2) 각 ㄱㅁㄹ의 크기는 몇 도일까요?

　　　　　　　　　　　　　　　(　　　　　　　)

(3) 각 ㄱㄹㅁ의 크기는 몇 도일까요?

　　　　　　　　　　　　　　　(　　　　　　　)

6 단원

다각형

체크4-1 오른쪽 직사각형 ㄱㄴㄷㄹ에서 각 ㄱㄴㅁ의 크기는 몇 도일까요?

　　　　　　　　　　(　　　　　　　)

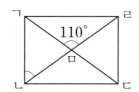

체크4-2 정사각형 ㄱㄴㄷㄹ과 직사각형 ㅂㅅㅇㅈ이 있습니다. 각 ㄷㄹㅁ과 각 ㅇㅅㅊ의 크기의 차는 몇 도일까요?

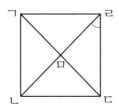
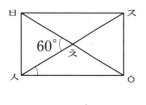

　　　　　　　　　　　　　　　(　　　　　　　)

대표 유형 5 창의·융합형 문제

구절판은 아홉으로 나뉜 나무로 만든 그릇인데 여기에 아홉 가지 재료를 담은 음식을 그릇 이름 그대로 구절판이라고 합니다. 구절판 그릇은 정팔각형 모양입니다. 구절판 그릇을 위에서 보고 그린 그림을 보고 ㉠의 크기는 몇 도인지 구하세요.

 ➡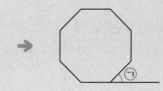

문제해결 Key

정팔각형을 삼각형이나 사각형으로 나누어 모든 각의 크기의 합을 구할 수 있습니다.

(1) 정팔각형의 모든 각의 크기의 합은 몇 도일까요?

( )

(2) 정팔각형의 한 각의 크기는 몇 도일까요?

( )

(3) ㉠의 크기는 몇 도인지 구하세요.

( )

체크5-1 축구공은 여러 개의 가죽 조각으로 가장 둥근 공 모양을 만들기 위해 정오각형 모양 가죽 12개, 정육각형 모양 가죽 20개로 이루어져 있습니다. 축구공에 있는 정오각형 모양을 오른쪽에 똑같이 그렸을 때 ㉠의 크기는 몇 도인지 풀이 과정을 쓰고 답을 구하세요. [5점]

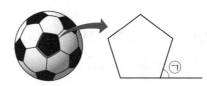

풀이 _____

_____

답 _____

대표 유형 6 도형을 만드는 데 필요한 모양 조각의 개수 구하는 문제

왼쪽 삼각형 모양 조각을 겹치지 않게 이어 붙여서 오른쪽 직사각형을 만들려고 합니다. 필요한 삼각형 모양 조각은 모두 몇 개일까요?

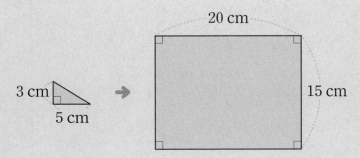

문제해결 Key

주어진 모양 조각을 가장 적게 사용하여 직사각형을 만들어 봅니다.

(1) 삼각형 모양 조각 2개로 직사각형 모양을 만든 것입니다. □ 안에 알맞은 수를 써넣으세요.

$$3\,\text{cm} \quad \begin{matrix} & 5\,\text{cm} \\ \end{matrix} \quad 3\,\text{cm} \rightarrow \boxed{}\,\text{cm} \quad \boxed{}\,\text{cm}$$

$$5\,\text{cm}$$

(2) 위 (1)에서 만든 직사각형 모양으로 주어진 직사각형을 만들 때 필요한 직사각형 모양은 몇 개일까요?

(   )

(3) 주어진 직사각형을 만들 때 필요한 삼각형 모양 조각은 모두 몇 개일까요?

(   )

체크 6-1 왼쪽 사다리꼴 모양 조각을 겹치지 않게 이어 붙여서 오른쪽 평행사변형을 만들려고 합니다. 필요한 모양 조각은 모두 몇 개일까요?

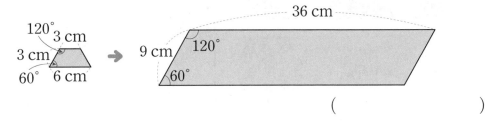

(   )

1 한 변이 3 cm인 정다각형을 한 개 그렸습니다. 모든 변의 길이의 합이 45 cm라면 이 정다각형의 이름은 무엇일까요?

(   )

◀ 정다각형의 변의 수를 구하여 이름을 알아보는 문제

2 사각형 ㄱㄴㄷㄹ은 한 변이 7 cm인 정사각형입니다. 마름모 ㄹㄴㅁㅂ의 두 대각선의 길이의 합은 몇 cm일까요?

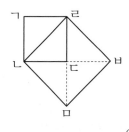

(   )

◀ 대각선의 성질을 이용하여 길이 구하는 문제

3 왼쪽 모양 조각을 한 번씩만 사용하여 오른쪽 모양을 채울 때 사용하지 <u>않은</u> 조각을 찾아 기호를 쓰세요.

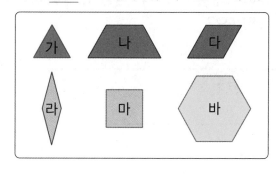 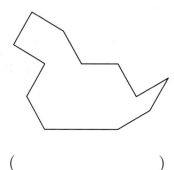

(   )

◀ 모양 채우기에 사용한 모양 조각을 알아보는 문제

4 대각선의 수가 20개인 다각형의 이름을 쓰세요.

( )

◀ 대각선의 수를 알 때 다각형의 이름을 알아보는 문제

5 정오각형 ㄱㄴㄷㄹㅁ에서 ㉠의 크기는 몇 도일까요?

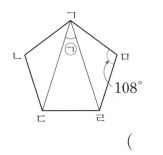

( )

◀ 정오각형의 각도 구하는 문제

6 직사각형 ㄱㄴㄷㄹ에 대각선을 그은 것입니다. ㉠의 크기는 몇 도일까요?

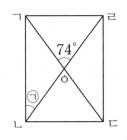

( )

◀ 대각선의 성질을 이용하여 각도 구하는 문제

1 마름모 ㄱㄴㄷㄹ의 네 변의 길이의 합은 몇 cm일까요?

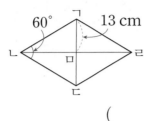

(   )

풀이

2 왼쪽 마름모 모양의 조각으로 오른쪽 도형을 빈틈없이 덮을 수 있습니다. 오른쪽 도형에서 ㉠의 크기는 몇 도일까요?

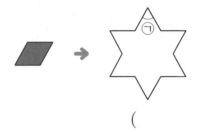

(   )

풀이

3 한 변이 12 cm인 정삼각형 모양 조각으로 한 변이 24 cm 인 정육각형을 만들려고 합니다. 정삼각형 모양 조각은 몇 개 필요할까요?

(   )

풀이

4 왼쪽 모양 조각 3개를 사용하여 오른쪽 정삼각형을 만들었습니다. 만든 정삼각형의 세 변의 길이의 합이 90 cm일 때, 모양 조각 한 개의 네 변의 길이의 합은 몇 cm일까요?

(   )

풀이

5 정오각형과 정팔각형을 겹치지 않게 이어 붙여서 만든 도형입니다. ㉠의 크기는 몇 도일까요?

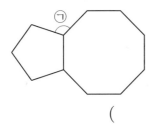

(   )

풀이

6 한 대각선의 길이가 20 cm인 정사각형 모양 칠교판의 모양 조각 중 5조각을 사용하여 직사각형을 만들었습니다. 만든 직사각형의 네 변의 길이의 합은 몇 cm일까요? (단, 도형 다, 라, 마, 바의 변들 중 칠교판의 대각선을 이루고 있는 네 변의 길이는 모두 같습니다.)

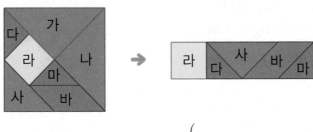

(   )

풀이

6
단원

다각형

융합형

7 다음은 이스라엘 국기입니다. 표시한 12개 각의 크기의 합을 구하세요.

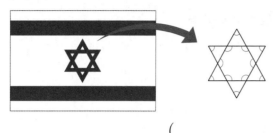

(　　　　　　　　)

풀이

코딩형

8 다음 **명령문**의 순서에 따라 정다각형이 변하여 나옵니다. 한 변이 3 cm인 정삼각형을 넣었을 때 나오는 도형의 이름을 쓰세요.

명령문

① 각 변의 길이가 1 cm씩 늘어납니다.
② 위 ①의 도형의 한 변과 같은 길이의 변이 1개 더 늘어난 정다각형이 됩니다.
③ 모든 변의 길이의 합이 70 cm보다 짧거나 같으면 ①, ②를 다시 하고 70 cm보다 길면 다각형이 나옵니다.

(　　　　　　　　)

풀이

9 정다각형 ㉮와 ㉯가 있습니다. ㉮와 ㉯의 한 변의 길이는 서로 같고 변의 개수의 차는 2개입니다. ㉮의 모든 변의 길이의 합은 64 cm, ㉯의 모든 변의 길이의 합은 48 cm일 때 정다각형 ㉮의 이름을 쓰세요.

(　　　　　　　　)

풀이

10 오른쪽 점 종이에 네 점을 꼭짓점으로 하는 평행사변형을 그리려고 합니다. 그릴 수 있는 평행사변형 중에서 두 대각선의 길이가 다른 평행사변형은 모두 몇 가지 일까요? (단, 돌리거나 뒤집어서 같은 모양이 되는 것은 같은 것으로 생각합니다.)

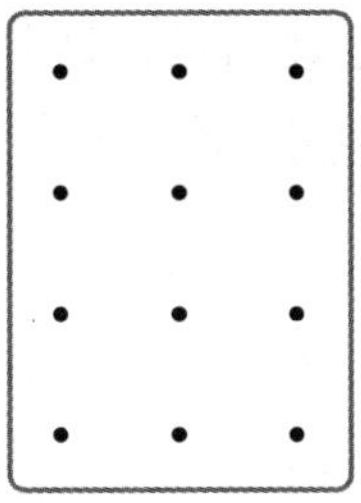

(   )

풀이

경시문제 유형

11 두 대각선의 길이의 합이 26 cm이고 차가 2 cm인 마름모 모양의 색종이를 두 대각선을 따라 잘랐습니다. 이때 만들어진 4개의 조각을 이어 붙여서 네 변의 길이의 합이 가장 긴 직사각형을 만들었다면 이 직사각형의 네 변의 길이의 합은 몇 cm일까요?

(   )

풀이

12 그림과 같이 정삼각형을 모아서 평면을 빈틈없이 채울 수 있습니다. 보기 에서 한 가지 도형으로 평면을 빈틈없이 채울 수 있는 도형을 모두 찾아 기호를 쓰세요.

보기

ㄱ 정사각형   ㄴ 정오각형
ㄷ 정육각형   ㄹ 정팔각형

(   )

풀이

경시문제 유형

13 어떤 정다각형의 한 꼭짓점에서 그림과 같이 두 대각선이 이루는 각의 크기가 가장 크도록 대각선을 2개 그었더니 그 각의 크기가 100°였습니다. 이 정다각형의 한 각의 크기는 몇 도일까요?

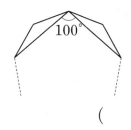

(   )

풀이

토론 발표

브레인스토밍

1 정십이각형입니다. ㉠의 크기는 몇 도일까요?

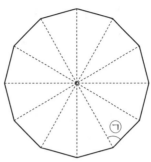

풀이

답 _____

2 한 대각선의 길이가 28 cm인 정사각형 모양 칠교판의 모양 조각 중 5조각을 사용하여 두 모양을 각각 만들었습니다. 두 모양의 모든 변의 길이의 합의 차는 몇 cm일까요? (단, 도형 다, 라, 마, 바의 변들 중 칠교판의 대각선을 이루고 있는 네 변의 길이는 모두 같습니다.)

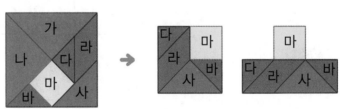

풀이

답 _____

3 오른쪽 칠교판의 모양 조각을 한 번씩만 사용하여 정사각형을 만들 수 있는 방법은 모두 몇 가지일까요? (단, 정사각형 모양을 만든 조각들끼리 서로 자리를 바꾸는 경우는 1가지로 생각합니다.)

풀이

답 _____

4 그림은 평행한 두 직선 가와 나 사이에 정오각형을 그린 것입니다. ㉠의 크기는 몇 도인지 구하세요.

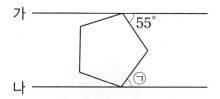

풀이

답 _____

생활 속에서 볼 수 있는 테셀레이션

평면을 빈틈이나 포개짐 없이 도형을 이용하여 완벽하게 덮는 것을 테셀레이션이라고 하고, 우리 말로는 쪽매맞춤이라고 해요. 이런 테셀레이션은 길거리나 집안에서도 쉽게 볼 수 있어요.

테셀레이션은 건물에서도 찾을 수 있는데요.
스페인의 알함브라 궁전은 테셀레이션을 이용한 대표적인 건물로 손꼽혀요.

▲ 알함브라 궁전

MEMO

1 분수의 덧셈과 뺄셈

7쪽 STEP 1 하이레벨 입문

1 2, 7 / 9 / 7, 9, $1\dfrac{1}{8}$

2 $\dfrac{3}{5}$

3 $5\dfrac{7}{9}$

4 =

5 $2\dfrac{3}{5}+1\dfrac{4}{5}=4\dfrac{2}{5}$, $4\dfrac{2}{5}$ kg

6 $\dfrac{1}{8}$ L

7 1, 2

9쪽 STEP 1 하이레벨 입문

1 [예] ,

$1\dfrac{1}{4}$

2 $4\dfrac{2}{5}-1\dfrac{1}{5}=\dfrac{22}{5}-\dfrac{6}{5}=\dfrac{16}{5}=3\dfrac{1}{5}$

3

4 ㉡

5 $2\dfrac{2}{9}$

6 2개, $1\dfrac{1}{6}$ kg

7 $2\dfrac{2}{3}$

10~11쪽 STEP 1 하이레벨 입문

❶ ,

$1\dfrac{2}{5}$

❷ $\dfrac{5}{8}$

❸ $2\dfrac{1}{4}+1\dfrac{2}{4}=3\dfrac{3}{4}$, $3\dfrac{3}{4}$ kg

❹ $4\dfrac{5}{6}$, $2\dfrac{4}{6}$, $2\dfrac{1}{6}$

❺ $5-2\dfrac{4}{7}=4\dfrac{7}{7}-2\dfrac{4}{7}=2\dfrac{3}{7}$

❻ $4\dfrac{5}{9}-1\dfrac{7}{9}=2\dfrac{7}{9}$,

우유, $2\dfrac{7}{9}$ L

12~17쪽 STEP 2 하이레벨 탐구

대표유형 **1** (1) $\dfrac{2}{5}$ cm (2) $1\dfrac{4}{5}$ cm

체크 1-1 풀이 참고, $5\dfrac{7}{9}$ cm

대표유형 **2** (1) 5 / 2 / 3 (2) 2, 4

(3) $\dfrac{2}{7}$, $\dfrac{4}{7}$

체크 2-1 $\dfrac{1}{8}$, $\dfrac{4}{8}$

체크 2-2 $\dfrac{1}{9}$, $\dfrac{6}{9}$

대표유형 **3** (1) 4분 (2) 오후 6시 56분

체크 3-1 풀이 참고, 오전 7시 57분

체크 3-2 오전 9시 2분

대표유형 **4** (1) $3\dfrac{2}{7}$ km (2) $21\dfrac{2}{7}$ km

체크 4-1 $7\dfrac{5}{8}$ km

체크 4-2 $1\dfrac{1}{8}$ km

대표유형 **5** (1) 2 (2) 6, 4 (3) 10

체크 5-1 13

체크 5-2 8

대표유형 **6** (1) $\dfrac{5}{25}$ (2) 5번 (3) 10일

체크 6-1 8일

체크 6-2 5일

18~19쪽 STEP 2 하이레벨 탐구 플러스

1 5

2 150쪽

3 오후 2시 48분

4 $24\dfrac{7}{10}$

5 30분

6 6일

20~24쪽 STEP 3 하이레벨 심화

1 $6\dfrac{1}{8}$　　　　**2** 3

3 $10\dfrac{6}{15}$ L, $4\dfrac{2}{15}$ L

4 15개　　　**5** $4\dfrac{2}{6}$

6 29 m　　　**7** $6\dfrac{5}{12}$ cm

8 2 kg　　　**9** $9\dfrac{4}{8}$ cm

10 $86\dfrac{4}{6}$ L　**11** $1\dfrac{7}{9}$

12 $4\dfrac{10}{17}$, $9\dfrac{3}{17}$, $\dfrac{7}{17}$

13 61　　　　**14** $3\dfrac{2}{10}$

25~26쪽 토론 발표 브레인스토밍

❶ $104\dfrac{25}{30}$

❷ $48\dfrac{3}{10}$ kg

❸ $1\dfrac{3}{7}$ m

❹ 오전 11시 58분 30초

2 삼각형

31쪽 **STEP 1** 하이레벨 입문

1 가, 다, 라, 바

2 가, 라

3 6, 6

4 65°

5 예

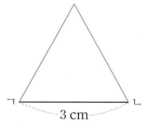

6 이등변삼각형

7 45

33쪽 **STEP 1** 하이레벨 입문

1 60°, 60°

2 나, 마

3 다, 바

4 다, 라, 사

5

```
      ㄱ ────3 cm──── ㄴ
```

6 예각삼각형

7 (위에서부터) 나, 마 / 다, 바 / 라, 가

34~35쪽 **STEP 1** 하이레벨 입문

❶ 이등변삼각형

❷ (1) 35°

　(2) 110°

❸ 48 cm

❹ (1) 60°

　(2) 예각삼각형

❺ (1) 1개

　(2) 1개, 1개

　(3) 3개

36~41쪽 **STEP 2** 하이레벨 탐구

대표 유형 1 (1) 95°

　(2) 둔각삼각형

체크 1-1 예각삼각형

체크 1-2 둔각삼각형

대표 유형 2 (1) 같습니다.

　(2) 45°

체크 2-1 풀이 참고, 77°

대표 유형 3 (1) 4개

　(2) 2개

　(3) 6개

체크 3-1 5개

체크 3-2 6개

대표 유형 4 (1) 6, 4

　(2) 5, 5

체크 4-1 7, 5, 6, 6

체크 4-2 풀이 참고, (5 cm, 7 cm),

　(6 cm, 6 cm)

대표 유형 5 (1) 34°, 34°

　(2) 112°

　(3) 78°

체크 5-1 105°

체크 5-2 78°

대표 유형 6 (1) 11 cm

　(2) 11 cm, 11 cm

　(3) 50 cm

체크 6-1 55 cm

체크 6-2 72 cm

42~43쪽 **STEP 2** 하이레벨 탐구 플러스

1 14 cm

2 5개

3 6 cm

4 50°

5 51 cm

6 60°

44~48쪽 **STEP 3** 하이레벨 심화

1 75°

2 22°

3 20°

4 7 cm

5 18개

6 69°

7 360 cm

8 60°

9 29°

10 75°

11 34°

12 75°

13 144°

14 243 cm

49~50쪽 토론 발표　브레인스토밍

❶ 70°

❷ 81개

❸ 20개

❹ 10°

③ 소수의 덧셈과 뺄셈

1 예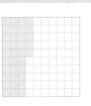

2 (1) 9 (2) 0.09

3 (1) > (2) >

4 0.9̸0̸

5 6.115, 6.123

6 113

7 7, 8, 9

8 7.43

1 0.17

2

3
```
   0.4 2
 + 7.6
 ───────
   8.0 2
```

4 100배

5 12.61

6 1.25−0.19=1.06, 1.06 kg

7 0.85

8 13.7

❶ ㉡

❷ (1) 1.6 (2) 0.43

❸ 8.753

❹ (1) < (2) =

⑤ 600 g

⑥ (1) 4.75+3.086−2.48
     (또는 3.086+4.75−2.48)
   (2) 5.356

대표 유형 **1** (1) (△)(○)
   (2) 7, 8, 9
체크 1-1 0, 1, 2
체크 1-2 6, 7, 8, 9
대표 유형 **2** (1) 1.02 m
   (2) 0.77 m
체크 2-1 7.66 m
체크 2-2 1.85 km
대표 유형 **3** (1) 2 (2) 7, 9 (3) 2.79
체크 3-1 7.15
체크 3-2 4.04
대표 유형 **4** (1) 1.975 kg
   (2) 1.5 kg
   (3) 3.475 kg
체크 4-1 2.25 L
체크 4-2 2.64 kg
대표 유형 **5** (1) 75.2
   (2) 2.57
   (3) 77.77
체크 5-1 82.62
체크 5-2 풀이 참고, 71.73
대표 유형 **6** (1) 3 (2) 5 (3) 4
체크 6-1 4, 7, 6
체크 6-2 13
대표 유형 **7** (1) 0.16 (2) 1.25
체크 7-1 4.18
체크 7-2 5.06
대표 유형 **8** (1) (왼쪽부터) 70, 12, 1.3
   / 83.3
   (2) 8.33 m
체크 8-1 풀이 참고, 10.39 m

1 44.5

2 6.434

3 3.7

4 65.37

5 ㉡, ㉠, ㉢

6 2.3 cm

1 1.85

2 0.2 kg

3 36

4 1.84

5 96.2, 3.8

6 2 cm

7 3, 1.92

8 25

9 49.95

10 673

11 45개

12 0.65 m

13 0.9

14 1.18

❶ 5명

❷ 0.304

❸ 0.63 km

❹ 10.704

4 사각형

81쪽 **STEP 1** 하이레벨 입문

1 직선 나

2 예

3 직선 나와 직선 마

4

5 3 cm

6 예

7 예
2 cm

83쪽 **STEP 1** 하이레벨 입문

1 나, 다, 라

2 가, 나, 마, 바

3 60

4 ㄹ

5 ㄷ

6

사각형	기호
사다리꼴	가, 나, 다, 라, 마
평행사변형	가, 다, 라, 마
마름모	가, 마
직사각형	가, 다
정사각형	가

7 17 cm

84~85쪽 **STEP 1** 하이레벨 입문

1 예
가

2 60°, 60°

3 3 cm

4 (위에서부터) 70, 110

5 5, 90

6 ㄴ, 예 정사각형은 마름모이지만,
마름모는 정사각형이 아닙니다.

86~93쪽 **STEP 2** 하이레벨 탐구

대표 유형 1 (1) 90°
　　　　　(2) 30°

체크 1-1 40°

체크 1-2 45°, 70°

대표 유형 2 (1) 8 cm
　　　　　(2) 12 cm
　　　　　(3) 20 cm

체크 2-1 36 cm

체크 2-2 24 cm

대표 유형 3 (1) 90°
　　　　　(2) 25°

체크 3-1 20°

체크 3-2 50°

대표 유형 4 (1) 120°
　　　　　(2) 60°

체크 4-1 풀이 참고, 135°

대표 유형 5 (1) ⑥, ⑧, 4 / ⑦, 1 / ⑧,
　　　　　1 (2) 6개

체크 5-1 8개

체크 5-2 12개

대표 유형 6 (1) 6 cm, 14 cm
　　　　　(2) 6 cm
　　　　　(3) 18 cm

체크 6-1 30 cm

체크 6-2 48 cm

대표 유형 7 (1) 70°
　　　　　(2) 110°
　　　　　(3) 110°

체크 7-1 40°

체크 7-2 풀이 참고, 120°

대표 유형 8 (1) 50, 90, 150
　　　　　(2) 70°

체크 8-1 65°

체크 8-2 70°

94~95쪽 **STEP 2** 하이레벨 탐구 플러스

1 ㄴ

2 E

3 9쌍

4 10개

5 20 cm

6 90°

96~100쪽 **STEP 3** 하이레벨 심화

1 9 cm

2 80°

3 120°

4 85°

5 50°

6 75°

7 30 cm

8 105°

9 10°

10 30°

11 40°

12 60 cm

13 5 cm

14 120°

101~102쪽 **토론 발표** 브레인스토밍

1 123°

2 138초

3 100°

4 220°

5 꺾은선그래프

107쪽 STEP 1 하이레벨 입문

1 ( )
  (○)

2 10 mm

3 160 mm   4 8월

5 0 ℃와 36.0 ℃ 사이

6 37.1 ℃   7 ㉡

8 0.8 ℃

109쪽 STEP 1 하이레벨 입문

1 책의 수   2 예 1권

3
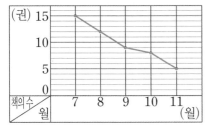
책의 수

4 9월과 10월 사이

5 238, 242, 252, 240

6
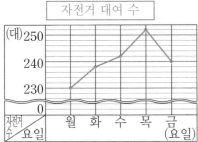
자전거 대여 수

7 금요일

110~111쪽 STEP 1 하이레벨 입문

❶ 꺾은선그래프

❷ 22 cm

❸ 5월과 6월 사이

❹ 모범 답안 졸업생 수가 2020년보다 줄어들 것입니다.

❺
아침 최저 기온
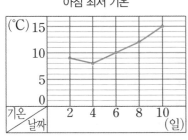

112~117쪽 STEP 2 하이레벨 탐구

대표 유형 1 (1) 8 ℃
  (2) 10 ℃
  (3) 예 9 ℃

체크 1-1 풀이 참고, 예 10 ℃

대표 유형 2
(1)
잡은 아열대성 물고기 수
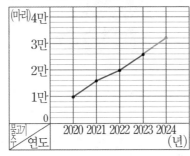

(2) 3만 2000마리

체크 2-1
콩나물의 키
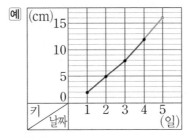

/ 예 16 cm

대표 유형 3 (1) 10권
  (2) 1750권
  (3) 1750000원

체크 3-1 488000원

대표 유형 4 (1) 금요일
  (2) 4회

체크 4-1 7월, 5 cm

대표 유형 5 (1) 190 mm, 150 mm
  (2) 40 mm
  (3) 2칸

체크 5-1 8칸

대표 유형 6 (1) 1180상자
  (2) 1180, 590
(3)
사과 생산량

118~119쪽 STEP 2 하이레벨 탐구 플러스

체크 6-1 풀이 참고,
에어컨 판매량
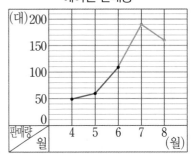

1 예 200 cm   2 6칸

3 은영, 16점   4 풀이 참고

5 예 2 kg 정도

120~124쪽 STEP 3 하이레벨 심화

1 292명   2 5일, 7 cm

3 가 회사

4
기온
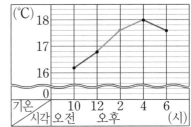

5 10, 20   6 40만 달러

7
그릇에 있는 물의 양
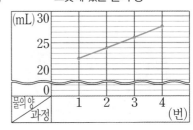

8 200000원   9 1시간

10 45분

125~126쪽 토론 발표   브레인스토밍

❶ 예 3 L 정도   ❷ 나, 10 m

❸ 10분   ❹ 7000원

6 다각형

131쪽 STEP 1 하이레벨 입문

1 ①, ④
2 ㉡
3 팔각형
4 나, 바
5 예

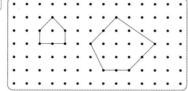

6 정칠각형
7 5개
8 120°

133쪽 STEP 1 하이레벨 입문

1

 / 5개

2 삼각형에 △표
3 나
4 다
5 가, 라
6 예

7 예

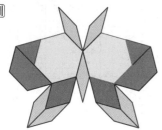

134~135쪽 STEP 1 하이레벨 입문

❶ 육각형
❷ 모범답안 변의 길이는 모두 같으
나 각의 크기가 모두 같지 않기
때문입니다.

3 (1) 예

 , 540°

(2) 108°
4 (1) 3개
(2) 9개
5 4개
6 예

 ,

136~141쪽 STEP 2 하이레벨 탐구

대표유형 1 (1) 24 cm
(2) 8개
(3) 정팔각형
체크1-1 정육각형
체크1-2 정오각형
대표유형 2 (1) 2개
(2) 가로에 ◯표, 세로에 ◯표
(3) 23 cm
체크2-1 24 cm
체크2-2 풀이 참고, 10 cm
대표유형 3 (1) 2개
(2) 9개
(3) 7개
체크3-1 22개
체크3-2 34개
대표유형 4 (1) 이등변삼각형에 ◯표
(2) 130°
(3) 25°
체크4-1 55°
체크4-2 15°
대표유형 5 (1) 1080°
(2) 135°
(3) 45°
체크5-1 풀이 참고, 72°
대표유형 6 (1) (위에서부터) 3, 5
(2) 20개
(3) 40개
체크6-1 24개

142~143쪽 STEP 2 하이레벨 탐구 플러스

1 정십오각형
2 28 cm
3 가
4 팔각형
5 36°
6 37°

144~148쪽 STEP 3 하이레벨 심화

1 104 cm
2 60°
3 24개
4 50 cm
5 117°
6 50 cm
7 1080°
8 정구각형
9 정팔각형
10 9가지
11 40 cm
12 ㉠, ㉢
13 140°

149~150쪽 토론 발표 브레인스토밍

❶ 75°
❷ 14 cm
❸ 12가지
❹ 53°

해법 전략

1 분수의 덧셈과 뺄셈

STEP1 하이레벨 입문　　　**7쪽**

1 $\dfrac{2}{8}+\dfrac{7}{8}$은 $\dfrac{1}{8}$이 $2+7=9$(개)입니다.

➡ $\dfrac{2}{8}+\dfrac{7}{8}=\dfrac{2+7}{8}=\dfrac{9}{8}=1\dfrac{1}{8}$

답 $2,\ 7\ /\ 9\ /\ 7,\ 9,\ 1\dfrac{1}{8}$

2 $\dfrac{4}{5}-\dfrac{1}{5}=\dfrac{4-1}{5}=\dfrac{3}{5}$　　　답 $\dfrac{3}{5}$

3 $3\dfrac{4}{9}+2\dfrac{3}{9}=(3+2)+\left(\dfrac{4}{9}+\dfrac{3}{9}\right)$

$=5+\dfrac{7}{9}=5\dfrac{7}{9}$

답 $5\dfrac{7}{9}$

4 $\dfrac{4}{6}+\dfrac{3}{6}=\dfrac{7}{6}=1\dfrac{1}{6}$, $\dfrac{2}{6}+\dfrac{5}{6}=\dfrac{7}{6}=1\dfrac{1}{6}$　　答 =

5 (윤진이가 낸 책의 무게)+(미라가 낸 책의 무게)

$=2\dfrac{3}{5}+1\dfrac{4}{5}=(2+1)+\left(\dfrac{3}{5}+\dfrac{4}{5}\right)=3+\dfrac{7}{5}$

$=3+1\dfrac{2}{5}=4\dfrac{2}{5}$ (kg)

답 $2\dfrac{3}{5}+1\dfrac{4}{5}=4\dfrac{2}{5}$, $4\dfrac{2}{5}$ kg

6 (지희가 마시고 남은 물의 양)$=1-\dfrac{2}{8}=\dfrac{6}{8}$ (L)

(지희와 수혁이가 마시고 남은 물의 양)

$=\dfrac{6}{8}-\dfrac{5}{8}=\dfrac{1}{8}$ (L)　　　답 $\dfrac{1}{8}$ L

> **다른 풀이**
>
> (지희와 수혁이가 마신 물의 양)
> =(지희가 마신 물의 양)+(수혁이가 마신 물의 양)
> $=\dfrac{2}{8}+\dfrac{5}{8}=\dfrac{7}{8}$ (L)
> ➡ (지희와 수혁이가 마시고 남은 물의 양)
> =1−(지희와 수혁이가 마신 물의 양)
> $=1-\dfrac{7}{8}=\dfrac{1}{8}$ (L)

7 $1\dfrac{1}{9}=\dfrac{10}{9}$

$\dfrac{7}{9}+\dfrac{\square}{9}=\dfrac{7+\square}{9}$가 $\dfrac{10}{9}$보다 작으려면

$7+\square<10$이어야 합니다. ➡ $\square=1,\ 2$

답 $1,\ 2$

STEP1 하이레벨 입문　　　**9쪽**

1 3에서 $1\dfrac{3}{4}$만큼 빼면 $1\dfrac{1}{4}$이 남습니다.

➡ $3-1\dfrac{3}{4}=1\dfrac{1}{4}$

답 예 , $1\dfrac{1}{4}$

2 보기 는 대분수를 가분수로 바꾸어 계산하는 방법입니다.

답 $4\dfrac{2}{5}-1\dfrac{1}{5}=\dfrac{22}{5}-\dfrac{6}{5}=\dfrac{16}{5}=3\dfrac{1}{5}$

3 $4-\dfrac{3}{7}=3\dfrac{7}{7}-\dfrac{3}{7}=3\dfrac{4}{7}$
　　1만큼을 가분수로 바꾸기

$5\dfrac{2}{7}-1\dfrac{4}{7}=4\dfrac{9}{7}-1\dfrac{4}{7}=3\dfrac{5}{7}$
　　1만큼을 가분수로 바꾸기

답

> **다른 풀이**
>
> 모두 가분수로 바꾸어 계산할 수도 있습니다.
> $4-\dfrac{3}{7}=\dfrac{28}{7}-\dfrac{3}{7}=\dfrac{25}{7}=3\dfrac{4}{7}$
> $5\dfrac{2}{7}-1\dfrac{4}{7}=\dfrac{37}{7}-\dfrac{11}{7}=\dfrac{26}{7}=3\dfrac{5}{7}$

4 ㉠ $5-2\dfrac{1}{5}=4\dfrac{5}{5}-2\dfrac{1}{5}=2\dfrac{4}{5}$

㉡ $6-4\dfrac{3}{5}=5\dfrac{5}{5}-4\dfrac{3}{5}=1\dfrac{2}{5}$

따라서 계산 결과가 1과 2 사이인 뺄셈식은 ㉡입니다.

답 ㉡

5 앞에서부터 두 수씩 차례로 계산합니다.

$$6\frac{8}{9}-1\frac{2}{9}-3\frac{4}{9}=5\frac{6}{9}-3\frac{4}{9}=2\frac{2}{9}$$

답 $2\frac{2}{9}$

6 (떡 케이크를 1개 만들고 남는 쌀가루의 양)

$$=3\frac{5}{6}-1\frac{2}{6}=2\frac{3}{6}\text{ (kg)}$$

(떡 케이크를 2개 만들고 남는 쌀가루의 양)

$$=2\frac{3}{6}-1\frac{2}{6}=1\frac{1}{6}\text{ (kg)}$$

$1\frac{1}{6}<1\frac{2}{6}$이므로 더 이상 떡 케이크를 만들 수 없습니다.

➡ 떡 케이크를 2개 만들고 남는 쌀가루는 $1\frac{1}{6}$ kg입니다.

답 2개, $1\frac{1}{6}$ kg

7 어떤 대분수를 □라 하면 $7-□=4\frac{1}{3}$입니다.

$$□=7-4\frac{1}{3}=6\frac{3}{3}-4\frac{1}{3}=2\frac{2}{3}$$

따라서 어떤 대분수는 $2\frac{2}{3}$입니다. 답 $2\frac{2}{3}$

> **참고**
>
> $7-□=4\frac{1}{3}$에서 덧셈과 뺄셈의 관계를 알아보면
>
> $□+4\frac{1}{3}=7$입니다.
>
> ➡ $□=7-4\frac{1}{3}$

STEP1　하이레벨 입문　**10~11쪽**

1 $\dfrac{4}{5}+\dfrac{3}{5}=\dfrac{4+3}{5}=\dfrac{7}{5}=1\dfrac{2}{5}$

답 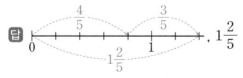 , $1\frac{2}{5}$

2 $\dfrac{7}{8}$보다 $\dfrac{2}{8}$만큼 더 작은 수 ➡ $\dfrac{7}{8}-\dfrac{2}{8}=\dfrac{5}{8}$

답 $\dfrac{5}{8}$

---

3 (사용하기 전 찰흙의 양)

　= (사용한 찰흙의 양) + (남은 찰흙의 양)

$$=2\frac{1}{4}+1\frac{2}{4}=3\frac{3}{4}\text{ (kg)}$$

답 $2\frac{1}{4}+1\frac{2}{4}=3\frac{3}{4}$, $3\frac{3}{4}$ kg

4 $4\frac{5}{6}-▲=2\frac{4}{6}$ ➡ $▲=4\frac{5}{6}-2\frac{4}{6}$, $▲=2\frac{1}{6}$

답 $4\frac{5}{6}$, $2\frac{4}{6}$, $2\frac{1}{6}$

5 $5=4\frac{7}{7}$로 바꾸어 계산해야 합니다.

답 $5-2\frac{4}{7}=4\frac{7}{7}-2\frac{4}{7}=2\frac{3}{7}$

6 $4\frac{5}{9}>1\frac{7}{9}$ ➡ $4\frac{5}{9}-1\frac{7}{9}=3\frac{14}{9}-1\frac{7}{9}=2\frac{7}{9}$ (L)

따라서 우유가 $2\frac{7}{9}$ L 더 많습니다.

답 $4\frac{5}{9}-1\frac{7}{9}=2\frac{7}{9}$, 우유, $2\frac{7}{9}$ L

STEP2　하이레벨 탐구　**12~17쪽**

대표 유형 1 (1) (하루 동안 자라는 무의 키)

$$= (2일의 키) - (1일의 키) = 1-\frac{3}{5}=\frac{2}{5}\text{ (cm)}$$

(2) (4일 오전 9시에 무의 키)

　= (3일 오전 9시에 무의 키) + (하루 동안 자라는 무의 키)

$$=1\frac{2}{5}+\frac{2}{5}=1\frac{4}{5}\text{ (cm)}$$

답 (1) $\frac{2}{5}$ cm　(2) $1\frac{4}{5}$ cm

체크 1-1 모범 답안 1 하루 동안 자라는 식물의 키는

$$5\frac{3}{9}-5\frac{1}{9}=\frac{2}{9}\text{ (cm)입니다.}$$

2 따라서 4일 오전 7시에 이 식물의 키는

$$5\frac{5}{9}+\frac{2}{9}=5\frac{7}{9}\text{ (cm)입니다.}$$ 답 $5\frac{7}{9}$ cm

채점 기준

1 하루 동안 자라는 식물의 키를 구함.	3점	5점
2 4일 오전 7시에 식물의 키를 구함.	2점	

대표 유형 2 (1) $1+5=6$, $2+4=6$, $3+3=6$

(2) $5-1=4$, $4-2=2$, $3-3=0$

(3) $\dfrac{2}{7}+\dfrac{4}{7}=\dfrac{6}{7}$, $\dfrac{4}{7}-\dfrac{2}{7}=\dfrac{2}{7}$

답 (1) 5 / 2 / 3 (2) 2, 4 (3) $\dfrac{2}{7}$, $\dfrac{4}{7}$

체크 2-1 합이 5인 두 수는 (1, 4), (2, 3)이고 이 중 차가 3인 두 수는 1, 4입니다. 따라서 합이 $\dfrac{5}{8}$이고 차가 $\dfrac{3}{8}$인 두 진분수는 $\dfrac{1}{8}$, $\dfrac{4}{8}$입니다. 답 $\dfrac{1}{8}$, $\dfrac{4}{8}$

체크 2-2 합이 7인 두 수는 (1, 6), (2, 5), (3, 4)이고 이 중 차가 5인 두 수는 1, 6입니다. 따라서 합이 $\dfrac{7}{9}$이고 차가 $\dfrac{5}{9}$인 두 진분수는 $\dfrac{1}{9}$, $\dfrac{6}{9}$입니다. 답 $\dfrac{1}{9}$, $\dfrac{6}{9}$

대표 유형 3 (1) 2일 오후 7시부터 8일 오후 7시까지는 6일입니다.

(늦어지는 시간)

$=\dfrac{4}{6}+\dfrac{4}{6}+\dfrac{4}{6}+\dfrac{4}{6}+\dfrac{4}{6}+\dfrac{4}{6}=\dfrac{24}{6}=4$(분)

(2) 오후 7시 -4분 $=$ 오후 6시 56분

답 (1) 4분 (2) 오후 6시 56분

체크 3-1 **모범 답안 ❶** 5일 오전 8시부터 9일 오전 8시까지는 4일입니다.

(늦어지는 시간) $=\dfrac{3}{4}+\dfrac{3}{4}+\dfrac{3}{4}+\dfrac{3}{4}=\dfrac{12}{4}=3$(분)

❷ 따라서 9일 오전 8시에 이 시계가 가리키는 시각은 오전 8시 -3분 $=$ 오전 7시 57분입니다.

답 오전 7시 57분

채점 기준

❶ 5일 오전 8시부터 9일 오전 8시까지 늦어지는 시간을 구함.	3점	5점
❷ 9일 오전 8시에 시계가 가리키는 시각을 구함.	2점	

체크 3-2 월요일 오전 9시부터 같은 주 토요일 오전 9시까지는 5일입니다.

(빨라지는 시간) $=\dfrac{2}{5}+\dfrac{2}{5}+\dfrac{2}{5}+\dfrac{2}{5}+\dfrac{2}{5}=\dfrac{10}{5}=2$(분)

따라서 같은 주 토요일 오전 9시에 이 시계가 가리키는 시각은 오전 9시 $+2$분 $=$ 오전 9시 2분입니다.

답 오전 9시 2분

참고

▲분 빨라진 시계가 가리키는 시각: (정확한 시각) $+$ ▲분

대표 유형 4 (1) (㉮~㉯) $=$ (㉮~㉱) $-$ (㉯~㉱)

$=10\dfrac{3}{7}-7\dfrac{1}{7}=3\dfrac{2}{7}$ (km)

(2) (㉮~㉭) $=$ (㉮~㉯) $+$ (㉯~㉰) $+$ (㉱~㉭)

$=3\dfrac{2}{7}+12\dfrac{4}{7}+5\dfrac{3}{7}=15\dfrac{6}{7}+5\dfrac{3}{7}$

$=20\dfrac{9}{7}=21\dfrac{2}{7}$ (km)

답 (1) $3\dfrac{2}{7}$ km (2) $21\dfrac{2}{7}$ km

체크 4-1 (나~다) $=$ (나~라) $-$ (다~라)

$=3\dfrac{1}{8}-1\dfrac{2}{8}=1\dfrac{7}{8}$ (km)

(가~마) $=$ (가~나) $+$ (나~다) $+$ (다~마)

$=1\dfrac{3}{8}+1\dfrac{7}{8}+4\dfrac{3}{8}=3\dfrac{2}{8}+4\dfrac{3}{8}=7\dfrac{5}{8}$ (km)

답 $7\dfrac{5}{8}$ km

체크 4-2 (㉣~㉤) $=$ (㉠~㉤) $-$ (㉠~㉣)

$=8\dfrac{5}{8}-5\dfrac{1}{8}=3\dfrac{4}{8}$ (km)

(㉡~㉢) $=$ (㉡~㉤) $-$ (㉢~㉣) $-$ (㉣~㉤)

$=6\dfrac{2}{8}-1\dfrac{5}{8}-3\dfrac{4}{8}=4\dfrac{5}{8}-3\dfrac{4}{8}=1\dfrac{1}{8}$ (km)

답 $1\dfrac{1}{8}$ km

다른 풀이

(㉡~㉣) $=$ (㉠~㉣) $+$ (㉡~㉤) $-$ (㉠~㉤)

$=5\dfrac{1}{8}+6\dfrac{2}{8}-8\dfrac{5}{8}=11\dfrac{3}{8}-8\dfrac{5}{8}=2\dfrac{6}{8}$ (km)

(㉡~㉢) $=$ (㉡~㉣) $-$ (㉢~㉣) $=2\dfrac{6}{8}-1\dfrac{5}{8}=1\dfrac{1}{8}$ (km)

대표 유형 5 (1) 대분수의 뺄셈에서 자연수 부분끼리 뺄셈한 것을 보면 $6-2=4$이므로 진분수끼리 뺄 수 있습니다. 따라서 ㉠ $-$ ㉡ $=2$입니다.

(2) ㉠ $+$ ㉡이 가장 크려면 ㉠은 될 수 있는 수 중 가장 큰 수가 되어야 합니다. $\dfrac{㉠}{7}$은 진분수이므로 ㉠이 될 수 있는 수 중 가장 큰 수는 6입니다.

㉠ $-$ ㉡ $=2$이고 ㉠ $=6$이므로 $6-$㉡ $=2$, ㉡ $=4$입니다.

(3) ㉠ $+$ ㉡ $=6+4=10$

답 (1) 2 (2) 6, 4 (3) 10

체크 5-1 대분수의 뺄셈에서 자연수 부분끼리 뺄셈한 것을 보면 5−1=4이므로 진분수끼리 뺄 수 있습니다.

따라서 ㉠−㉡=3입니다.

㉠+㉡이 가장 크려면 ㉠은 될 수 있는 수 중에서 가장 큰 수가 되어야 합니다.

$\dfrac{㉠}{9}$은 진분수이므로 ㉠이 될 수 있는 수 중 가장 큰 수는 8입니다.

㉠−㉡=3이고 ㉠=8이므로 8−㉡=3, ㉡=5입니다.

➡ ㉠+㉡=8+5=13   답 13

체크 5-2 대분수의 뺄셈에서 자연수 부분끼리 뺄셈한 것을 보면 6−3=3인데 계산 결과의 자연수 부분이 2이므로 진분수끼리 뺄 수 없습니다.

따라서 6+㉠−㉡=4, ㉠+2=㉡입니다.

$\dfrac{㉠}{6}$, $\dfrac{㉡}{6}$은 진분수이므로 6보다 작은 수 중 ㉠보다 2 큰 수가 ㉡인 ㉠과 ㉡을 알아봅니다.

㉠	1	2	3
㉡	3	4	5

㉠+㉡을 계산하면 1+3=4, 2+4=6, 3+5=8입니다.

➡ ㉠+㉡이 가장 클 때의 값은 8입니다.   답 8

대표 유형 6 (1) $\dfrac{3}{25}+\dfrac{2}{25}=\dfrac{5}{25}$

따라서 형과 동생이 모내기를 하루씩 했을 때 2일 동안 하는 양은 전체의 $\dfrac{5}{25}$입니다.

(2) $\underbrace{\dfrac{5}{25}+\dfrac{5}{25}+\dfrac{5}{25}+\dfrac{5}{25}+\dfrac{5}{25}}_{5번}=\dfrac{25}{25}=1$

(3) 2일씩 5번 하면 일을 모두 끝낼 수 있으므로 10일 만에 끝낼 수 있습니다.

답 (1) $\dfrac{5}{25}$ (2) 5번 (3) 10일

체크 6-1 지수와 현우가 하루씩 했을 때 2일 동안 하는 일의 양은 전체의 $\dfrac{3}{16}+\dfrac{1}{16}=\dfrac{4}{16}$입니다.

따라서 일 전체의 양을 1이라 하면

$\underbrace{\dfrac{4}{16}+\dfrac{4}{16}+\dfrac{4}{16}+\dfrac{4}{16}}_{4번}=1$이므로 2×4=8(일) 만에

끝낼 수 있습니다.   답 8일

체크 6-2 지은이가 혼자서 2일 동안 딴 오이의 양은 전체의 $\dfrac{3}{21}+\dfrac{3}{21}=\dfrac{6}{21}$이고 전체의 양을 1이라 하면 남은 오이의 양은 $1-\dfrac{6}{21}=\dfrac{15}{21}$입니다.

지은이와 민재가 함께 하루에 따는 오이의 양은 전체의 $\dfrac{3}{21}+\dfrac{2}{21}=\dfrac{5}{21}$이고 $\dfrac{5}{21}+\dfrac{5}{21}+\dfrac{5}{21}=\dfrac{15}{21}$이므로 지은이가 오이를 따기 시작한 지 2+3=5(일) 만에 모두 딸 수 있습니다.   답 5일

STEP2 하이레벨 탐구 플러스   18~19쪽

1 $6\dfrac{3}{8}-3\dfrac{■}{8}=2\dfrac{7}{8}$이라 하면 $3\dfrac{■}{8}=6\dfrac{3}{8}-2\dfrac{7}{8}=3\dfrac{4}{8}$,

➡ ■=4입니다. 따라서 □ 안에 들어갈 수 있는 자연수는 4보다 큰 수이고 이 중에서 가장 작은 수는 5입니다.   답 5

2 윤주가 어제와 오늘 읽은 동화책의 쪽수는 전체의 $\dfrac{5}{15}+\dfrac{7}{15}=\dfrac{12}{15}$입니다. 전체의 $\dfrac{12}{15}$가 120쪽이므로 전체의 $\dfrac{1}{15}$은 120÷12=10(쪽)이고 전체 쪽수는 10×15=150(쪽)입니다.   답 150쪽

3 3일 오후 3시부터 11일 오후 3시까지는 8일입니다.

(늦어지는 시간)

$=1\dfrac{1}{2}+1\dfrac{1}{2}+1\dfrac{1}{2}+1\dfrac{1}{2}+1\dfrac{1}{2}+1\dfrac{1}{2}+1\dfrac{1}{2}+1\dfrac{1}{2}$

$=8+\dfrac{8}{2}=12(분)$

따라서 11일 오후 3시에 이 시계가 가리키는 시각은 오후 3시−12분=오후 2시 48분입니다.   답 오후 2시 48분

4 계산 결과가 가장 크려면 ▲와 ♥의 합이 가장 커야 하므로 ▲와 ♥에는 가장 큰 수와 두 번째로 큰 수인 12와 11이 와야 합니다. ▲와 ♥가 12와 11이라 하면 분수의 분모는 세 번째로 큰 수인 10이어야 합니다.

➡ $11\dfrac{9}{10}+12\dfrac{8}{10}=24\dfrac{7}{10}$ 답 $24\dfrac{7}{10}$

> **참고**
> 계산 결과가 가장 클 때의 덧셈식은 여러 가지가 있습니다.
> $11\dfrac{9}{10}+12\dfrac{8}{10}$, $11\dfrac{8}{10}+12\dfrac{9}{10}$, $12\dfrac{9}{10}+11\dfrac{8}{10}$, $12\dfrac{8}{10}+11\dfrac{9}{10}$

5 (지하철을 탄 시간)+(버스를 탄 시간)

$=1\dfrac{2}{4}+1\dfrac{1}{4}=2\dfrac{3}{4}$(시간)

➡ 1시간(=60분)의 $\dfrac{3}{4}$은 45분이므로 $2\dfrac{3}{4}$시간은 2시

간 45분입니다.

(집에서 수목원까지 가는 데 걸린 시간)

=오후 2시 25분−오전 11시 10분

=14시 25분−11시 10분=3시간 15분

➡ (걸어서 간 시간)=3시간 15분−2시간 45분=30분

🗹 30분

6 경미, 선주, 수지가 함께 하루에 하는 일의 양은 전체의

$\dfrac{2}{25}+\dfrac{3}{25}+\dfrac{1}{25}=\dfrac{6}{25}$, 경미와 선주가 하루에 하는 일의

양은 전체의 $\dfrac{2}{25}+\dfrac{3}{25}=\dfrac{5}{25}$이므로 경미와 선주가 2일

동안 하는 일의 양은 전체의 $\dfrac{5}{25}+\dfrac{5}{25}=\dfrac{10}{25}$입니다.

전체 일의 양을 1이라 할 때 선주가 혼자 해야 하는 일

의 양은 $1-\dfrac{6}{25}-\dfrac{10}{25}=\dfrac{9}{25}$입니다.

$\dfrac{3}{25}+\dfrac{3}{25}+\dfrac{3}{25}=\dfrac{9}{25}$이므로 나머지 일은 선주 혼자

서 3일 동안 하면 끝낼 수 있습니다. 따라서 일을 시작

한 지 1+2+3=6(일) 만에 끝낼 수 있습니다. 🗹 6일

STEP3 하이레벨 심화 20~24쪽

1 8>7>6>5>1이므로 자연수 부분에 8을 제외한 가

장 큰 수 7을 놓고 가장 큰 대분수를 만들면 $7\dfrac{6}{8}$이고

자연수 부분에 가장 작은 수 1을 놓고 가장 작은 대분수

를 만들면 $1\dfrac{5}{8}$입니다.

➡ 차: $7\dfrac{6}{8}-1\dfrac{5}{8}=6\dfrac{1}{8}$ 🗹 $6\dfrac{1}{8}$

2 $1\dfrac{4}{5}+2\dfrac{2}{5}=4\dfrac{1}{5}$ ➡ ㉠=$4\dfrac{1}{5}$

$3\dfrac{4}{5}+\dfrac{4}{5}=4\dfrac{3}{5}$ ➡ ㉡=$4\dfrac{3}{5}$

$2\dfrac{1}{5}+3\dfrac{3}{5}=5\dfrac{4}{5}$ ➡ ㉢=$5\dfrac{4}{5}$

➡ ㉠+㉡−㉢=$4\dfrac{1}{5}+4\dfrac{3}{5}-5\dfrac{4}{5}=8\dfrac{4}{5}-5\dfrac{4}{5}=3$

🗹 3

---

3 빨간색 페인트를 □ L, 파란색 페인트를 △ L라 하면

$□+△=14\dfrac{8}{15}$, $□-△=6\dfrac{4}{15}$입니다.

두 식을 더하면

$□+△+□-△=14\dfrac{8}{15}+6\dfrac{4}{15}$,

$□+□=20\dfrac{12}{15}$,

$20\dfrac{12}{15}=10\dfrac{6}{15}+10\dfrac{6}{15}$이므로 $□=10\dfrac{6}{15}$입니다.

$□+△=14\dfrac{8}{15}$,

$10\dfrac{6}{15}+△=14\dfrac{8}{15}$,

$△=14\dfrac{8}{15}-10\dfrac{6}{15}=4\dfrac{2}{15}$

🗹 $10\dfrac{6}{15}$ L, $4\dfrac{2}{15}$ L

4 $10-\dfrac{5}{11}=9\dfrac{6}{11}$, $4\dfrac{3}{11}+3\dfrac{9}{11}=8\dfrac{1}{11}$

➡ $9\dfrac{6}{11}>\dfrac{□}{11}>8\dfrac{1}{11}$에서 $\dfrac{105}{11}>\dfrac{□}{11}>\dfrac{89}{11}$이므로

□ 안에 들어갈 수 있는 자연수는 90, 91……, 103,

104로 모두 15개입니다. 🗹 15개

5 두 대분수의 차가 가장 크게 되려면

(가장 큰 대분수)−(가장 작은 대분수)이어야 합니다.

만들어야 하는 두 대분수의 분모는 같아야 하므로 분모

는 같은 눈의 수가 2개인 6입니다.

분모가 6인 가장 큰 대분수를 만들면 자연수 부분은 6

을 제외한 가장 큰 눈의 수인 5이고 분자는 두 번째로

큰 눈의 수인 4이므로 $5\dfrac{4}{6}$입니다.

분모가 6인 가장 작은 대분수를 만들면 자연수 부분은

가장 작은 눈의 수인 1이고 분자는 두 번째로 작은 눈

의 수인 2이므로 $1\dfrac{2}{6}$입니다.

➡ 차: $5\dfrac{4}{6}-1\dfrac{2}{6}=4\dfrac{2}{6}$ 🗹 $4\dfrac{2}{6}$

6 (직사각형의 가로)=$7\dfrac{9}{18}-\dfrac{11}{18}=6\dfrac{16}{18}$ (m)

(직사각형의 네 변의 길이의 합)

=$6\dfrac{16}{18}+7\dfrac{9}{18}+6\dfrac{16}{18}+7\dfrac{9}{18}=28\dfrac{14}{18}$ (m)

➡ 노끈은 적어도 29 m를 사야 합니다.

🗹 29 m

7 다음 그림에서 색칠된 부분이 나무 막대가 물에 젖은 부분입니다.

$$18\frac{5}{12}\,\text{cm} \quad \begin{array}{c}\text{물의 높이}\\5\frac{7}{12}\,\text{cm}\\\text{물의 높이}\end{array}$$

(물의 높이의 2배)
= (나무 막대의 길이) − (물에 젖지 않은 부분의 길이)
$= 18\frac{5}{12} - 5\frac{7}{12} = 12\frac{10}{12}$ (cm)

➡ $12\frac{10}{12} = 6\frac{5}{12} + 6\frac{5}{12}$ 이므로 물의 높이는 $6\frac{5}{12}$ cm

입니다. 	답 $6\frac{5}{12}$ cm

8 책 4권의 무게가 $7\frac{5}{6} - 3\frac{1}{6} = 4\frac{4}{6}$ (kg)이고

$1\frac{1}{6} + 1\frac{1}{6} + 1\frac{1}{6} + 1\frac{1}{6} = 4\frac{4}{6}$ 이므로 책 한 권의 무게

는 $1\frac{1}{6}$ kg입니다.

책 6권의 무게는

$1\frac{1}{6} + 1\frac{1}{6} + 1\frac{1}{6} + 1\frac{1}{6} + 1\frac{1}{6} + 1\frac{1}{6} = 7$ (kg)이므로

빈 상자의 무게는 $7\frac{5}{6} - 7 = \frac{5}{6}$ (kg)입니다.

따라서 상자 안에 책 한 권만 넣고 무게를 재면

$\frac{5}{6} + 1\frac{1}{6} = 2$ (kg)입니다. 	답 2 kg

> **다른 풀이**
>
> 책 4권의 무게가 $7\frac{5}{6} - 3\frac{1}{6} = 4\frac{4}{6}$ (kg)이므로 책 한 권의
>
> 무게는 $1\frac{1}{6}$ kg입니다. 상자 안에 책 2권을 넣은 무게가
>
> $3\frac{1}{6}$ kg이므로 $3\frac{1}{6}$ kg에서 책 한 권의 무게를 빼면 상
>
> 자와 책 한 권의 무게의 합이 됩니다.
>
> 따라서 상자 안에 책 한 권만 넣고 무게를 재면
>
> $3\frac{1}{6} - 1\frac{1}{6} = 2$ (kg)입니다.

9 (15분 동안 탄 양초의 길이)$= 28 - 23\frac{3}{8} = 4\frac{5}{8}$ (cm)

1시간은 15분의 4배이므로 1시간 동안 양초가 타는 길

이는 $4\frac{5}{8} + 4\frac{5}{8} + 4\frac{5}{8} + 4\frac{5}{8} = 18\frac{4}{8}$ (cm)입니다.

따라서 1시간 후 남은 양초의 길이는

$28 - 18\frac{4}{8} = 9\frac{4}{8}$ (cm)입니다. 	답 $9\frac{4}{8}$ cm

10 $\frac{1}{4}$시간$+\frac{1}{4}$시간$+\frac{1}{4}$시간$+\frac{1}{4}$시간$=1$시간이므로 ㉮

수도꼭지로 1시간 동안 받을 수 있는 물의 양은

$10\frac{1}{6} + 10\frac{1}{6} + 10\frac{1}{6} + 10\frac{1}{6} = 40\frac{4}{6}$ (L)입니다.

$\frac{1}{3}$시간$+\frac{1}{3}$시간$+\frac{1}{3}$시간$=1$시간이므로 ㉯ 수도꼭지

로 1시간 동안 받을 수 있는 물의 양은

$15\frac{2}{6} + 15\frac{2}{6} + 15\frac{2}{6} = 46$ (L)입니다.

➡ (두 수도꼭지로 1시간 동안 받을 수 있는 물의 양)

$= 40\frac{4}{6} + 46 = 86\frac{4}{6}$ (L) 	답 $86\frac{4}{6}$ L

11 ㉮$+$㉯$=5\frac{4}{9}$, ㉯$+$㉰$=11\frac{3}{9}$, ㉮$+$㉯$+$㉰$=15$

(㉮$+$㉯)$+$(㉯$+$㉰)$=5\frac{4}{9} + 11\frac{3}{9}$

㉮$+$㉯$+$㉰$+$㉯$=16\frac{7}{9}$

$15 + ㉯ = 16\frac{7}{9}$ ➡ ㉯$= 16\frac{7}{9} - 15 = 1\frac{7}{9}$ 	답 $1\frac{7}{9}$

12 ㉮$+$㉯$+$㉰$=14\frac{3}{17}$, ㉯$=$㉮$\times 2$, ㉰$=$㉮$-4\frac{3}{17}$

㉮$+$㉯$+$㉰$=$㉮$+$㉮$\times 2 + $㉮$-4\frac{3}{17}$

$= ㉮ \times 4 - 4\frac{3}{17} = 14\frac{3}{17}$,

㉮$\times 4 = 14\frac{3}{17} + 4\frac{3}{17} = 18\frac{6}{17} = \frac{312}{17}$,

㉮$= 4\frac{10}{17}$

㉯$=$㉮$\times 2 = $㉮$+$㉮$= 4\frac{10}{17} + 4\frac{10}{17} = 9\frac{3}{17}$,

㉰$=$㉮$-4\frac{3}{17} = 4\frac{10}{17} - 4\frac{3}{17} = \frac{7}{17}$

답 $4\frac{10}{17}$, $9\frac{3}{17}$, $\frac{7}{17}$

> **다른 풀이**
>
> ㉮, ㉯, ㉰를 진분수 또는 가분수로 나타냈을 때의 분자를
>
> 각각 ㉠, ㉡, ㉢이라 하면 $14\frac{3}{17} = \frac{241}{17}$, $4\frac{3}{17} = \frac{71}{17}$이므로
>
> ㉠$+$㉡$+$㉢$=241$, ㉡$=$㉠$\times 2$, ㉢$=$㉠-71입니다.
>
> ㉠$+$㉡$+$㉢$=$㉠$+$㉠$\times 2 + $㉠$-71 = 241$,
>
> ㉠$\times 4 - 71 = 241$, ㉠$\times 4 = 241 + 71 = 312$,
>
> ㉠$=78$, ㉡$=$㉠$\times 2 = 78 \times 2 = 156$, ㉢$=78 - 71 = 7$
>
> 따라서 ㉮$= \frac{78}{17} = 4\frac{10}{17}$, ㉯$= \frac{156}{17} = 9\frac{3}{17}$, ㉰$= \frac{7}{17}$입니다.

13 더하는 분수의 개수와 합의 관계를 알아봅니다.

$$\frac{1}{3}+\frac{2}{3}=1$$

$$\frac{1}{5}+\frac{2}{5}+\frac{3}{5}+\frac{4}{5}=2$$

$$\frac{1}{7}+\frac{2}{7}+\frac{3}{7}+\frac{4}{7}+\frac{5}{7}+\frac{6}{7}=3$$

이와 같이 분모가 홀수일 때 1보다 작은 모든 진분수의 합은 더하는 분수 개수의 반과 같습니다.

합이 30이므로 더하는 분수의 개수는 30+30=60(개)입니다.

따라서 ★-1=60이므로 ★=60+1=61입니다.

답 61

14 $2=1\frac{2}{2}$, $3=2\frac{3}{3}$, $4=3\frac{4}{4}$임을 이용하여 분모가 같은 분수끼리 묶어 봅니다.

$1, (2, 1\frac{1}{2}), (3, 2\frac{2}{3}, 2\frac{1}{3}), (4, 3\frac{3}{4}, 3\frac{2}{4}, 3\frac{1}{4})\cdots\cdots$

$1+2+3+\cdots\cdots+8+9=45$이므로 46번째 수는 10, 47번째 수는 $9\frac{9}{10}$, 48번째 수는 $9\frac{8}{10}$입니다.

$1+2+3+\cdots\cdots+9+10+11+12=78$이므로 79번째 수는 13입니다.

따라서 두 수의 차는 $13-9\frac{8}{10}=3\frac{2}{10}$입니다.

답 $3\frac{2}{10}$

토론 발표 브레인스토밍 25~26쪽

1 늘어놓은 수들은 $1\frac{1}{30}$부터 시작하여 자연수 부분은 2씩, 분자는 3씩 커지는 규칙입니다.

자연수 부분끼리 먼저 더하면

$1+3+5+7+\cdots\cdots+17+19=100$이고

진분수 부분끼리 더하면

$$\frac{1}{30}+\frac{4}{30}+\frac{7}{30}+\frac{10}{30}+\cdots\cdots+\frac{25}{30}+\frac{28}{30}$$

$$=\frac{1+4+7+10+\cdots\cdots+25+28}{30}$$

$$=\frac{145}{30}=4\frac{25}{30}$$입니다.

따라서 늘어놓은 10개의 분수의 합은

$100+4\frac{25}{30}=104\frac{25}{30}$입니다.

답 $104\frac{25}{30}$

---

2 우영이의 몸무게를 □ kg이라 하면 준호의 몸무게는 $(□+3\frac{7}{10})$ kg, 재범이의 몸무게는 $(□-1\frac{2}{10})$ kg 이므로 준호와 재범이의 몸무게의 합은

$(□+3\frac{7}{10})+(□-1\frac{2}{10})=50\frac{8}{10}$입니다.

$□+□+3\frac{7}{10}-1\frac{2}{10}=50\frac{8}{10}$

➡ $\underbrace{□+□}_{□의\ 2배}=50\frac{8}{10}+1\frac{2}{10}-3\frac{7}{10}$

$=52-3\frac{7}{10}=48\frac{3}{10}$

따라서 우영이의 몸무게의 2배는 $48\frac{3}{10}$ kg입니다.

답 $48\frac{3}{10}$ kg

3 연못의 깊이는 막대에서 물에 잠기는 부분의 길이와 같고 세 막대의 물에 잠기는 부분의 길이는 모두 같습니다.

┌─ 물에 잠기는 부분: ■

가 ➡ 가 막대의 길이: ■×3

나 ➡ 나 막대의 길이: ■×5

다 ➡ 다 막대의 길이: ■×7

세 막대의 길이의 합은 ■×15이고

$21\frac{3}{7}=\frac{150}{7}=\underbrace{\frac{10}{7}+\frac{10}{7}+\frac{10}{7}+\cdots\cdots+\frac{10}{7}+\frac{10}{7}+\frac{10}{7}}_{15번}$

이므로 ■$=\frac{10}{7}=1\frac{3}{7}$입니다.

따라서 연못의 깊이는 $1\frac{3}{7}$ m입니다. 답 $1\frac{3}{7}$ m

4 10일 낮 12시부터 13일 낮 12시까지는 3일이므로 빨라지는 시간은 $1\frac{5}{6}+1\frac{5}{6}+1\frac{5}{6}=5\frac{3}{6}$(분)입니다.

10일 낮 12시에 이 고장난 시계를 정확한 시각보다 7분 늦게 맞추어 놓았으므로 13일 낮 12시에 이 시계는 정확한 시각보다 $7-5\frac{3}{6}=1\frac{3}{6}$(분) 늦습니다.

$\frac{1}{6}$분=10초 ➡ $1\frac{3}{6}$분=1분 30초

따라서 13일 낮 12시에 이 고장난 시계가 가리키는 시각은 낮 12시-1분 30초=오전 11시 58분 30초입니다.

답 오전 11시 58분 30초

2 삼각형

1 두 변의 길이가 같은 삼각형을 모두 찾습니다.
→ 가, 다, 라, 바
답 가, 다, 라, 바

2 세 변의 길이가 같은 삼각형을 모두 찾습니다.
→ 가, 라
답 가, 라

3 정삼각형은 세 변의 길이가 같으므로 □ 안에 알맞은 수는 6입니다.
답 6, 6

4 두 변의 길이가 8 cm로 같으므로 이등변삼각형입니다.
이등변삼각형은 길이가 같은 두 변에 있는 두 각의 크기가 같습니다.
따라서 ㉠＝65°입니다.
답 65°

5 두 변의 길이가 같은 삼각형을 그립니다.
답 예

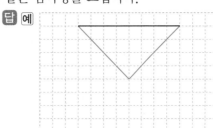

다른 풀이
다음과 같이 그릴 수도 있습니다.

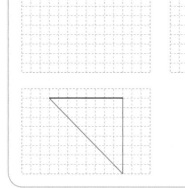

6 변 ㄱㄴ과 변 ㄱㄷ의 길이가 같으므로 이등변삼각형입니다.
답 이등변삼각형

7 이등변삼각형은 두 각의 크기가 같습니다.
$180° - 90° = 90°$, $90° \div 2 = 45°$
따라서 □ 안에 알맞은 수는 45입니다.
답 45

1 정삼각형의 한 각의 크기는 60°이므로 ㉠＝60°, ㉡＝60°입니다.
답 60°, 60°

2 세 각이 모두 예각인 삼각형을 모두 찾습니다.

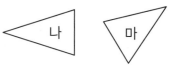

답 나, 마

3 한 각이 둔각인 삼각형을 모두 찾습니다.

답 다, 바

4 한 각이 둔각인 삼각형을 모두 찾습니다.

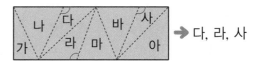 → 다, 라, 사

답 다, 라, 사

5 선분 ㄱㄴ의 양 끝에 각도가 60°인 각을 각각 그리고, 두 각의 변이 만나는 점을 찾아 정삼각형을 그립니다.
답

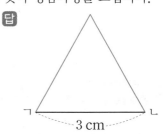

6 삼각형의 세 각의 크기의 합은 180°이므로
나머지 한 각의 크기는 $180° - 75° - 40° = 65°$입니다.
75°, 40°, 65°는 모두 예각이므로 이 삼각형은 예각삼각형입니다.
답 예각삼각형

7 • 예각삼각형이면서 이등변삼각형인 삼각형: 나
• 예각삼각형이면서 세 변의 길이가 모두 다른 삼각형: 마
• 둔각삼각형이면서 이등변삼각형인 삼각형: 다
• 둔각삼각형이면서 세 변의 길이가 모두 다른 삼각형: 바
• 직각삼각형이면서 이등변삼각형인 삼각형: 라
• 직각삼각형이면서 세 변의 길이가 모두 다른 삼각형: 가
답 (위에서부터) 나, 마 / 다, 바 / 라, 가

❶ 5 cm, 9 cm, 5 cm
➡ 두 변의 길이가 같으므로 이등변삼각형입니다.
답 이등변삼각형

❷ (1) 이등변삼각형에서 길이가 같은 두 변과 함께 하는 두 각의 크기는 같으므로 ㉡=35°입니다.
(2) ㉠+35°+35°=180°
➡ ㉠=180°-35°-35°=110°
답 (1) 35° (2) 110°

❸ (정삼각형의 세 변의 길이의 합)
=(정삼각형의 한 변의 길이)×3
=16×3=48 (cm)
답 48 cm

❹ (1) 65°+55°+㉠=180°
➡ ㉠=180°-65°-55°=60°
(2) 세 각의 크기 65°, 55°, 60°는 모두 예각이므로 예각삼각형입니다.
답 (1) 60° (2) 예각삼각형

❺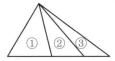
(1) ① ➡ 1개
(2) 2개짜리: ①+② ➡ 1개
3개짜리: ①+②+③ ➡ 1개
(3) 1+1+1=3(개)
답 (1) 1개 (2) 1개, 1개 (3) 3개

대표 유형 1 (1) 삼각형의 세 각의 크기의 합은 180°입니다.
지워진 부분의 각도를 □°라 하면
45°+40°+□°=180°,
➡ □°=180°-45°-40°=95°입니다.
(2) 삼각형의 세 각은 45°, 40°, 95°로 한 각이 둔각입니다. ➡ 둔각삼각형
답 (1) 95° (2) 둔각삼각형

체크1-1 삼각형의 세 각의 크기의 합은 180°입니다.
지워진 부분의 각도를 □°라 하면
□°+65°+30°=180°,
□°=180°-65°-30°=85°입니다.
삼각형의 세 각은 85°, 65°, 30°로 세 각이 모두 예각입니다.
➡ 예각삼각형
답 예각삼각형

체크1-2 삼각형의 세 각의 크기의 합은 180°입니다.
지워진 부분의 각도를 □°라 하면
30°+45°+□°=180°
➡ □°=180°-30°-45°=105°입니다.
삼각형의 세 각은 30°, 45°, 105°로 한 각이 둔각입니다. ➡ 둔각삼각형
답 둔각삼각형

대표 유형 2 (1) 이등변삼각형은 두 각의 크기가 같으므로 ㉠과 ㉡의 각도는 같습니다.
(2) ㉠+㉡+90°=180°
➡ ㉠+㉡=180°-90°=90°,
㉠=㉡=45°
답 (1) 같습니다. (2) 45°

체크2-1 모범 답안 ❶ 이등변삼각형은 두 각의 크기가 같으므로 26°를 제외한 나머지 두 각의 크기는 같습니다.
㉠+㉠+26°=180°
❷ ➡ ㉠+㉠=180°-26°=154°,
㉠=77°
답 77°

채점 기준		
❶ 이등변삼각형의 성질을 앎.	2점	5점
❷ ㉠의 크기를 구함.	3점	

대표 유형 3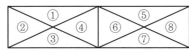
(1) ①, ③, ⑤, ⑦
➡ 4개
(2) ③+④+⑥+⑦, ①+④+⑥+⑤
➡ 2개
(3) 4+2=6(개)
답 (1) 4개 (2) 2개 (3) 6개

체크3-1

작은 삼각형 1개짜리에서 찾을 수 있는 정삼각형:
①, ②, ③, ④ ➡ 4개
작은 삼각형 4개짜리에서 찾을 수 있는 정삼각형:
①＋②＋③＋④ ➡ 1개
따라서 주어진 그림에서 찾을 수 있는 크고 작은 정삼
각형은 모두 4＋1＝5(개)입니다. 　답 5개

체크3-2

작은 삼각형 1개짜리에서 찾을 수 있는 예각삼각형:
①, ③, ⑤, ⑦ ➡ 4개
작은 삼각형 4개짜리에서 찾을 수 있는 예각삼각형:
①＋④＋⑥＋⑤, ③＋④＋⑥＋⑦ ➡ 2개
따라서 주어진 그림에서 찾을 수 있는 크고 작은 예각
삼각형은 모두 4＋2＝6(개)입니다. 　답 6개

대표 유형 4 (1) 길이가 같은 두 변 중 한 변의 길이가 6 cm
일 때 세 변의 길이를 6 cm, 6 cm, □ cm라 하면
6＋6＋□＝16입니다.
□＝16－6－6＝4
➡ 6 cm, 6 cm, 4 cm
(2) 길이가 같지 않은 한 변의 길이가 6 cm일 때 세 변
의 길이를 6 cm, □ cm, □ cm라 하면
6＋□＋□＝16입니다.
□＋□＝16－6＝10,
□＝5
➡ 6 cm, 5 cm, 5 cm 　답 (1) 6, 4 (2) 5, 5

체크4-1 • 길이가 같은 두 변 중 한 변의 길이가 7 cm일 때
세 변의 길이를 7 cm, 7 cm, □ cm라 하면
7＋7＋□＝19입니다.
□＝19－7－7＝5
➡ 나머지 두 변: 7 cm, 5 cm
• 길이가 같지 않은 한 변의 길이가 7 cm일 때 세 변
의 길이를 7 cm, □ cm, □ cm라 하면
7＋□＋□＝19입니다.
□＋□＝19－7＝12,
□＝6
➡ 나머지 두 변: 6 cm, 6 cm 　답 7, 5, 6, 6

체크4-2 모범 답안 1 길이가 같은 두 변 중 한 변의 길이가
5 cm일 때 세 변의 길이를 5 cm, 5 cm, □ cm라 하
면 5＋5＋□＝17입니다. □＝17－5－5＝7
➡ 나머지 두 변: 5 cm, 7 cm
2 길이가 같지 않은 한 변의 길이가 5 cm일 때 세 변
의 길이를 5 cm, □ cm, □ cm라 하면
5＋□＋□＝17입니다.
□＋□＝17－5＝12, □＝6
➡ 나머지 두 변: 6 cm, 6 cm
답 (5 cm, 7 cm), (6 cm, 6 cm)

채점 기준

1	길이가 같은 두 변 중 한 변의 길이가 5 cm일 때 나머지 두 변의 길이를 구한 경우	3점	5점
2	길이가 같지 않은 한 변의 길이가 5 cm일 때 나머지 두 변의 길이를 구한 경우	2점	

대표 유형 5 (1) 삼각형 ㄱㄴㄷ이 이등변삼각형이므로
(각 ㄴㄱㄷ)＝(각 ㄱㄷㄴ)＝34°입니다.
삼각형 ㄹㄴㄷ이 이등변삼각형이므로
(각 ㄹㄴㄷ)＝(각 ㄹㄷㄴ)＝34°입니다.
(2) (각 ㄱㄴㄷ)＝180°－34°－34°＝112°
(3) (각 ㄱㄴㄹ)＝(각 ㄱㄴㄷ)－(각 ㄹㄴㄷ)
＝112°－34°＝78°
답 (1) 34°, 34° (2) 112° (3) 78°

체크5-1 삼각형 ㄱㄷㄹ이 이등변삼각형이므로
(각 ㄱㄷㄹ)＝(각 ㄷㄱㄹ)＝25°입니다.
삼각형 ㄴㄷㄹ이 이등변삼각형이므로
(각 ㄴㄷㄹ)＝(각 ㄴㄹㄷ)＝25°입니다.
(각 ㄱㄷㄴ)＝180°－25°－25°＝130°
➡ (각 ㄱㄹㄴ)＝(각 ㄱㄹㄷ)－(각 ㄴㄹㄷ)
＝130°－25°＝105°
답 105°

체크5-2 삼각형 ㄱㄷㄹ은 변 ㄹㄱ과 변 ㄹㄷ의 길이가 같으
므로 이등변삼각형이고
(각 ㄹㄱㄷ)＋(각 ㄹㄷㄱ)＝180°－76°＝104°,
(각 ㄹㄱㄷ)＝(각 ㄹㄷㄱ)＝104°÷2＝52°입니다.
삼각형 ㄱㄴㄷ에서
(각 ㄱㄷㄴ)＝180°－52°＝128°이므로
(각 ㄷㄱㄴ)＋(각 ㄷㄴㄱ)＝180°－128°＝52°,
(각 ㄷㄱㄴ)＝(각 ㄷㄴㄱ)＝52°÷2＝26°입니다.
따라서 (각 ㄴㄱㄹ)＝(각 ㄷㄱㄴ)＋(각 ㄹㄱㄷ)
＝26°＋52°＝78°입니다.
답 78°

대표 유형 6 (1) (변 ㄱㄷ)+(변 ㄴㄷ)+17=39
　　　➡ (변 ㄱㄷ)+(변 ㄴㄷ)=39−17=22,
　　　(변 ㄴㄷ)=(변 ㄱㄷ)=22÷2=11 (cm)
　(2) 삼각형 ㄱㄷㄹ은 정삼각형이므로
　　　(변 ㄷㄹ)=(변 ㄱㄹ)=(변 ㄱㄷ)=11 cm입니다.
　(3) (사각형 ㄱㄴㄷㄹ의 네 변의 길이의 합)
　　　=17+11+11+11=50 (cm)
　　　답 (1) 11 cm (2) 11 cm, 11 cm (3) 50 cm

체크 6-1 삼각형 ㄴㄷㄹ이 이등변삼각형이므로
　10+(변 ㄴㄹ)+(변 ㄹㄷ)=40,
　(변 ㄴㄹ)+(변 ㄹㄷ)=40−10=30,
　(변 ㄹㄷ)=(변 ㄴㄹ)=30÷2=15 (cm)입니다.
　삼각형 ㄱㄴㄹ이 정삼각형이므로
　(변 ㄱㄴ)=(변 ㄹㄱ)=(변 ㄴㄹ)=15 cm입니다.
　➡ (사각형 ㄱㄴㄷㄹ의 네 변의 길이의 합)
　　　=15+10+15+15=55 (cm)　**답** 55 cm

체크 6-2 삼각형 ㄹㄷㅁ이 이등변삼각형이므로
　12+(변 ㄷㄹ)+(변 ㄷㅁ)=48,
　(변 ㄷㄹ)+(변 ㄷㅁ)=48−12=36,
　(변 ㄷㄹ)=(변 ㄷㅁ)=36÷2=18 (cm)입니다.
　(정사각형 ㄱㄴㄷㄹ의 한 변)=(변 ㄷㄹ)=18 cm
　➡ (정사각형 ㄱㄴㄷㄹ의 네 변의 길이의 합)
　　　=(한 변)×4=18×4=72 (cm)　**답** 72 cm

STEP2 하이레벨 탐구 플러스 　42~43쪽

1 (이등변삼각형의 세 변의 길이의 합)
　=16+16+10=42 (cm)
　➡ (정삼각형의 한 변)=42÷3=14 (cm)
　　　　　　　　　답 14 cm

2
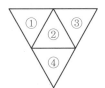

　• 작은 삼각형 1개짜리에서 찾을 수 있는 예각삼각형:
　　①, ②, ③, ④ → 4개
　• 작은 삼각형 4개짜리에서 찾을 수 있는 예각삼각형:
　　①+②+③+④ → 1개
　➡ 4+1=5(개)　　　**답** 5개

---

3 삼각형 ㄱㄴㄷ의 한 변은 원의 지름과 같으므로 삼각형 ㄱㄴㄷ은 정삼각형입니다.
　(정삼각형의 한 변)=36÷3=12 (cm)이므로 한 원의 지름은 12 cm입니다.
　따라서 (원의 반지름)=12÷2=6 (cm)입니다.
　　　　　　　　　　답 6 cm

4 사각형 ㄱㄴㄷㅁ에서
　(각 ㄴㄷㅁ)=360°−90°−90°−65°=115°,
　(각 ㅁㄷㄹ)=180°−115°=65°입니다.
　삼각형 ㅁㄷㄹ은 이등변삼각형이므로
　(각 ㄷㅁㄹ)=(각 ㅁㄷㄹ)=65°이고
　(각 ㄷㄹㅁ)=180°−65°−65°=50°입니다.　**답** 50°

5 (변 ㄱㄷ)+(변 ㄷㄹ)=40−18=22
　➡ (변 ㄱㄷ)=(변 ㄷㄹ)=22÷2=11 (cm)
　삼각형 ㄱㄴㄷ은 정삼각형이므로
　(변 ㄱㄴ)=(변 ㄴㄷ)=(변 ㄱㄷ)=11 cm입니다.
　➡ (사각형 ㄱㄴㄷㄹ의 네 변의 길이의 합)
　　　=11+11+11+18=51 (cm)　**답** 51 cm

6 삼각형 ㄷㄴㄱ에서 (각 ㄷㄱㄴ)=(각 ㄷㄴㄱ)=20°이므로 (각 ㄴㄷㄱ)=180°−20°−20°=140°입니다.
　삼각형 ㄹㄴㄷ에서
　(각 ㄴㄷㄹ)=(각 ㄴㄹㄷ)=180°−140°=40°이므로
　(각 ㄹㄴㄷ)=180°−40°−40°=100°입니다.
　삼각형 ㄹㅁㄴ에서
　(각 ㄹㅁㄴ)=(각 ㄹㄴㅁ)=180°−100°−20°=60°이므로 (각 ㅁㄹㄴ)=180°−60°−60°=60°입니다.
　　　　　　　　　　답 60°

STEP3 하이레벨 심화 　44~48쪽

1 이등변삼각형이므로 ⓛ=35°입니다.
　35°+35°+㉠=180° ➡ ㉠=180°−35°−35°=110°
　따라서 ㉠−ⓛ=110°−35°=75°입니다.　**답** 75°

2 선분 ㅁㄴ과 선분 ㅁㄷ의 길이가 같으므로 삼각형 ㅁㄴㄷ은 이등변삼각형입니다.
　(각 ㅁㄴㄷ)+(각 ㅁㄷㄴ)+44°=180°,
　(각 ㅁㄴㄷ)+(각 ㅁㄷㄴ)=180°−44°=136°,
　(각 ㅁㄴㄷ)=(각 ㅁㄷㄴ)=136°÷2=68°
　➡ (각 ㅁㄴㄱ)=90°−68°=22°　　**답** 22°

3 사각형 ㄱㄴㄷㅁ에서
(각 ㄴㄷㅁ)$=360°-90°-90°-80°=100°$입니다.
(각 ㅁㄷㄹ)$=180°-100°=80°$
삼각형 ㅁㄷㄹ은 이등변삼각형이므로
(각 ㄹㅁㄷ)$=$(각 ㅁㄷㄹ)$=80°$입니다.
➡ (각 ㅁㄹㄷ)$=180°-80°-80°=20°$　　답 $20°$

4 만든 사각형의 네 변의 길이의 합은 정삼각형의 한 변의 길이의 7배이므로 28 cm는 정삼각형의 한 변의 길이의 $7-3=4$(배)입니다.
➡ (정삼각형의 한 변)$=28÷4=7$ (cm)
답 7 cm

5

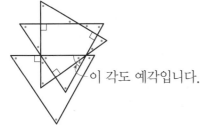
이 각도 예각입니다.
답 18개

6 삼각형 ㄱㄴㄷ에서
(각 ㄱㄷㄴ)$=180°-50°-55°=75°$입니다.
삼각형 ㅁㄷㄹ에서
(각 ㅁㄷㄹ)$+$(각 ㄷㅁㄹ)$=180°-108°=72°$,
(각 ㅁㄷㄹ)$=72°÷2=36°$입니다.
➡ (각 ㄱㄷㅁ)$=180°-75°-36°=69°$　　답 $69°$

7 정삼각형의 한 변은 6 cm, 12 cm, 18 cm……로 6 cm씩 늘어나므로 20번째에 만든 정삼각형의 한 변은 $6×20=120$ (cm)입니다.
따라서 20번째에 만든 정삼각형의 세 변의 길이의 합은 $120×3=360$ (cm)입니다.　　답 360 cm

8 삼각형 ㅂㄴㄷ에서
(각 ㅂㄴㄷ)$=$(각 ㄱㄴㅁ)
$=180°-90°-75°=15°$이므로
(각 ㄱㄴㄷ)$=90°-15°-15°=60°$입니다.
정사각형 모양의 종이를 접은 것이므로
(선분 ㄱㄴ)$=$(선분 ㄴㄷ)이 되어 삼각형 ㄱㄴㄷ은 이등변삼각형입니다.
㉠$=$(각 ㄴㄷㄱ)
㉠$+$㉠$+60°=180°$
➡ ㉠$+$㉠$=180°-60°=120°$,
㉠$=120°÷2=60°$
답 $60°$

9 삼각형 ㄹㄴㅂ은 이등변삼각형이고
(각 ㄴㄹㅂ)$=$(각 ㄴㄱㄷ)$=102°$이므로
(각 ㄹㄴㅂ)$+$(각 ㄹㅂㄴ)$+102°=180°$입니다.
➡ (각 ㄹㄴㅂ)$+$(각 ㄹㅂㄴ)$=180°-102°=78°$,
(각 ㄹㅂㄴ)$=78°÷2=39°$
따라서 삼각형 ㅁㄴㅂ에서
(각 ㄴㅁㅂ)$=180°-68°=112°$이므로
(각 ㅁㄴㅂ)$=180°-112°-39°=29°$입니다.
답 $29°$

10 삼각형 ㄱㄴㄷ이 정삼각형이므로 (각 ㄴㄷㄱ)$=60°$입니다. (각 ㄴㄷㄹ)$=$(각 ㄴㄷㄱ)$+$(각 ㄱㄷㄹ)
$=60°+90°=150°$
(변 ㄴㄷ)$=$(변 ㄷㄹ)이므로 (각 ㄷㄴㄹ)$=$(각 ㄴㄹㄷ)입니다. (각 ㄷㄴㄹ)$+$(각 ㄴㄹㄷ)$+150°=180°$
(각 ㄷㄴㄹ)$+$(각 ㄴㄹㄷ)$=180°-150°=30°$,
(각 ㄷㄴㄹ)$=30°÷2=15°$
삼각형 ㄴㄷㅂ에서 (각 ㄴㅂㄷ)$=180°-15°-60°=105°$입니다. ➡ (각 ㄱㅂㄴ)$=180°-105°=75°$　　답 $75°$

11

㉠$=$㉡이고 ㉠$+$㉡$+44°=180°$
➡ ㉠$+$㉡$=136°$,
㉠$=136°÷2=68°$
삼각형 ㄱㄹㅁ도 이등변삼각형이므로 ㉠$=$㉡$=$㉤$+$㉥$=$㉦$=68°$입니다.
㉢$=180°-68°=112°$
㉣$=$㉤이고 $112°+$㉣$+$㉤$=180°$
➡ ㉣$+$㉤$=68°$, ㉣$=34°$입니다.
㉥$=68°-34°=34°$
답 $34°$

12 오른쪽 그림과 같이 각 점에 1부터 숫자를 차례로 쓰면 시계의 숫자와 같음을 알 수 있습니다.
숫자와 숫자 사이의 각의 크기는 $360°÷12=30°$이므로
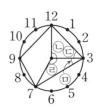
㉡$=30°×3=90°$이고 ㉣$=30°×4=120°$입니다.
위 그림과 같이 선분을 그어 삼각형을 2개 만들었을 때 두 삼각형은 모두 이등변삼각형이므로 두 각의 크기는 같습니다.
$90°+$㉢$+$㉢$=180°$ ➡ ㉢$+$㉢$=90°$, ㉢$=45°$
$120°+$㉤$+$㉤$=180°$ ➡ ㉤$+$㉤$=60°$, ㉤$=30°$
➡ ㉠$=$㉢$+$㉤$=45°+30°=75°$　　답 $75°$

13 주어진 오각형 ㄱㄴㄷㄹㅁ은 삼각형 3개로 나눌 수 있으므로

(각 ㄱㄴㄷ)+(각 ㄴㄷㄹ)+(각 ㄷㄹㅁ)
+(각 ㄹㅁㄱ)+(각 ㅁㄱㄴ)=180°×3=540°입니다.
삼각형 ㄱㄴㄷ, 삼각형 ㄴㄷㄹ, 삼각형 ㄷㄹㅁ, 삼각형 ㄹㅁㄱ, 삼각형 ㅁㄱㄴ은 모양과 크기가 같은 이등변삼각형이므로

(각 ㄱㄴㄷ)=(각 ㄴㄷㄹ)
=(각 ㄷㄹㅁ)
=(각 ㄹㅁㄱ)
=(각 ㅁㄱㄴ)=540°÷5=108°입니다.

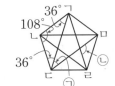

삼각형 ㄱㄴㄷ은 이등변삼각형이므로
(각 ㄴㄷㄱ)+(각 ㄴㄷㄱ)+108°=180°,
(각 ㄴㄷㄱ)+(각 ㄴㄷㄱ)=180°−108°=72°,
(각 ㄴㄷㄱ)=72°÷2=36°입니다.
(각 ㄴㄷㄱ)=(각 ㄹㅁㄷ)=36°이므로
㉠=108°−36°−36°=36°입니다.
이와 같은 방법으로 구하면
(각 ㅁㄹㄱ)=(각 ㄹㅁㄷ)=36°이므로
㉡=180°−36°−36°=108°입니다.
➡ ㉠+㉡=36°+108°=144°   답 144°

14 첫 번째 정삼각형의 한 변: 144÷3=48 (cm)
두 번째 그림에서 색칠되지 않은 정삼각형의 한 변:
48÷2=24 (cm)
세 번째 그림에서 색칠되지 않은 정삼각형 중 가장 작은 정삼각형의 한 변: 24÷2=12 (cm)
네 번째 그림에서 색칠되지 않은 정삼각형 중 가장 작은 정삼각형의 한 변: 12÷2=6 (cm)
다섯 번째 그림에서 색칠되지 않은 정삼각형 중 가장 작은 정삼각형의 한 변: 6÷2=3 (cm)
색칠되지 않은 가장 작은 정삼각형의 수를 알아보면

첫 번째	두 번째	세 번째	네 번째	다섯 번째
0	1	3	9	27

따라서 다섯 번째 그림에서 색칠되지 않은 가장 작은 정삼각형의 수는 27개이고 가장 작은 정삼각형의 세 변의 길이의 합이 3×3=9 (cm)이므로 모두 더하면
9×27=243 (cm)입니다.   답 243 cm

❶

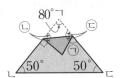

(각 ㄴㄱㄷ)=180°−50°−50°=80°
㉡+㉡=180°−90°=90° ➡ ㉡=90°÷2=45°
㉢=180°−45°−80°=55°
㉠=180°−55°−55°=70°   답 70°

❷ 만들려는 정삼각형의 세 변의 길이의 합이 12 cm이므로 한 변은 12÷3=4 (cm)입니다.

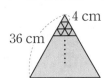

큰 정삼각형의 한 변이 36 cm이므로 한 변을 4 cm 간격으로 선분을 그으면 모두 36÷4=9(줄)이 생깁니다.
정삼각형의 수는
첫째 줄: 1개, 둘째 줄: 3개, 셋째 줄: 5개……로 한 줄씩 내려갈 때마다 2개씩 많아지므로 9번째 줄에는 정삼각형이 17개 생깁니다.
따라서 만들 수 있는 정삼각형은 모두
1+3+5+7+9+11+13+15+17=81(개)입니다.
답 81개

❸ 선분 ㄱㄴ, 선분 ㄴㄷ, 선분 ㄷㄹ, 선분 ㅇㅅ, 선분 ㅅㅂ, 선분 ㅂㅁ을 한 변으로 하는 둔각삼각형을 각각 2개씩 만들 수 있습니다. ➡ 6×2=12(개)
선분 ㄱㄷ, 선분 ㄴㄹ, 선분 ㅇㅂ, 선분 ㅅㅁ을 한 변으로 하는 둔각삼각형을 각각 1개씩 만들 수 있습니다. ➡ 4개
선분 ㄱㄹ, 선분 ㅇㅁ을 한 변으로 하는 둔각삼각형을 각각 2개씩 만들 수 있습니다. ➡ 2×2=4(개)
따라서 둔각삼각형은 모두 12+4+4=20(개)입니다.
답 20개

❹

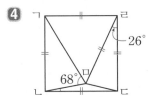

(각 ㄱㄹㅁ)=90°−26°=64°
180°−64°=116°
➡ (각 ㄹㅁㄱ)=(각 ㄹㅁㄱ)=116°÷2=58°
(각 ㅁㄱㄴ)=90°−58°=32°
(각 ㄱㄴㅁ)=180°−32°−68°=80°
(각 ㅁㄴㄷ)=90°−80°=10°   답 10°

3 소수의 덧셈과 뺄셈

1 모눈 한 칸이 0.01을 나타내므로 0.35는 모눈 35칸을 색칠해야 합니다. **답** 예

2 (1) 9.482
└→ 일의 자리 숫자, 나타내는 수: 9
(2) 2.09
└→ 소수 둘째 자리 숫자, 나타내는 수: 0.09
답 (1) 9 (2) 0.09

3 (1) 자연수 부분을 비교하면 41.2 > 5.99입니다.
└41>5┘
(2) 자연수 부분이 같으므로 소수 첫째 자리 숫자를 비교하면 8.465 > 8.391입니다.
└4>3┘ **답** (1) > (2) >

4 **답** 0.9̸0̸

참고
소수에서 오른쪽 끝자리에 있는 0은 생략하여 나타낼 수 있습니다.

5 작은 눈금 한 칸은 0.001을 나타냅니다.
➡ 6.11에서 오른쪽으로 작은 눈금 5칸만큼 가면 6.115이고, 6.12에서 오른쪽으로 작은 눈금 3칸만큼 가면 6.123입니다. **답** 6.115, 6.123

6 ・0.17은 0.01이 17개입니다. → ㉠=17
・0.96은 $\frac{1}{100}$이 96개입니다. → ㉡=96
➡ 17+96=113 **답** 113

7 두 수의 소수 첫째 자리까지의 숫자가 각각 같으므로 소수 둘째 자리 숫자를 비교하면 6<□이어야 합니다.
➡ 7, 8, 9 **답** 7, 8, 9

8 카드의 수를 비교하면 7>4>3입니다.
가장 큰 소수를 만들어야 하므로 소수 두 자리 수 □.□□의 높은 자리에 큰 수부터 차례로 씁니다.
➡ 7.43 **답** 7.43

1 $\frac{1}{100}$이면 소수점을 기준으로 수가 오른쪽으로 두 자리 이동합니다. **답** 0.17

2 0.7−0.2=0.5
4−3.6=0.4 **답**

3 소수점끼리 자리를 맞추어 쓰지 않았습니다.
답
$$\begin{array}{r} 0.4\,2 \\ +\,7.6 \\ \hline 8.0\,2 \end{array}$$

4 ㉠이 나타내는 수: 0.4,
㉡이 나타내는 수: 0.004
➡ 0.4는 0.004의 100배입니다. **답** 100배

5 9.16>7.62>3.45
➡ 9.16+3.45=12.61 **답** 12.61

6 (바구니에 들어 있는 사과의 무게)
=(사과가 들어 있는 바구니의 무게)
 −(빈 바구니의 무게)
=1.25−0.19=1.06 (kg)
답 1.25−0.19=1.06, 1.06 kg

7 □+0.35=1.2, □=1.2−0.35=0.85 **답** 0.85

8 ㉠ 0.1이 58개인 수는 5.8입니다.
㉡ 일의 자리 숫자가 7, 소수 첫째 자리 숫자가 9인 소수 두 자리 수는 7.9입니다.
➡ 5.8+7.9=13.7 **답** 13.7

1 숫자 5가 나타내는 수를 알아봅니다.
㉠ 3.605 ➡ 0.005
㉡ 6.85 ➡ 0.05
㉢ 5.246 ➡ 5
답 ㉡

2 **답** (1) 1.6 (2) 0.43

③ 8>7>5>3이므로 가장 큰 소수 세 자리 수는 8.753입니다.

답 8.753

④ (1) 0.4+0.5=0.9 < 0.6+0.4=1
(2) 두 수의 순서를 바꾸어 더해도 계산 결과는 같습니다.
3.72+1.64=1.64+3.72=5.36

답 (1) < (2) =

⑤ 쇠고기를 돼지고기보다 1.2−0.6=0.6 (kg)
➜ 600 g 더 많이 샀습니다.

답 600 g

⑥ 4.75>3.086>2.48
➜ (가장 큰 수)+(두 번째로 큰 수)−(가장 작은 수)
=4.75+3.086−2.48
=7.836−2.48=5.356

답 (1) 4.75, 3.086, 2.48(또는 3.086, 4.75, 2.48)
(2) 5.356

STEP2 하이레벨 탐구　60~67쪽

대표 유형 1 (1) 0.66<0.63 (×), 0.66<0.73 (○),
(2) 0.66<0.■3에서 일의 자리 수의 크기가 같고 소수 둘째 자리 수의 크기를 비교하면 6>3이므로 ■에 들어갈 수 있는 숫자는 7, 8, 9입니다.

답 (1) (△)(○) (2) 7, 8, 9

체크 1-1 6.321>6.□57에서 일의 자리 수의 크기가 같고 소수 둘째 자리 수의 크기를 비교하면 2<5이므로 □ 안에 들어갈 수 있는 숫자는 0, 1, 2입니다.

답 0, 1, 2

체크 1-2 5.86<5.8□5이므로 □ 안에 들어갈 수 있는 숫자는 6, 7, 8, 9입니다.

답 6, 7, 8, 9

대표 유형 2 (1) (㉠~㉢)+(㉡~㉣)
=0.42+0.6=1.02 (m)
(2) (㉠~㉣)=1.02−0.25=0.77 (m)

답 (1) 1.02 m (2) 0.77 m

체크 2-1 (㉠~㉣)=(㉠~㉢)+(㉡~㉣)−(㉡~㉢)
=5.26+4.1−1.7=9.36−1.7
=7.66 (m)

답 7.66 m

체크 2-2 (미정이네 집~문구점)
=(미정이네 집~학교)+(서점~문구점)
−(서점~학교)
=0.95+1.21−0.31=2.16−0.31=1.85 (km)

답 1.85 km

대표 유형 3 (1) 둘째 조건에서 ㉠에 알맞은 숫자는 2입니다.
(2) 셋째 조건에서 ㉡에 알맞은 숫자는 7이고, 넷째 조건에서 ㉢에 알맞은 숫자는 9입니다.

답 (1) 2 (2) 7, 9 (3) 2.79

체크 3-1 7보다 크고 8보다 작은 소수 두 자리 수이므로 7.□□라 하면 셋째 조건에서 7.1□이고 넷째 조건에서 7.15입니다.

답 7.15

체크 3-2 4보다 크고 5보다 작은 소수 두 자리 수이므로 4.□□라 하면 둘째 조건에서 4.0□이고 셋째 조건에서 4.04입니다.

답 4.04

대표 유형 4 (1) 3−1.025=1.975 (kg)
(3) 1.975+1.5=3.475 (kg)

답 (1) 1.975 kg (2) 1.5 kg (3) 3.475 kg

참고
1 kg=1000 g, 1 g=0.001 kg

체크 4-1 950 mL=0.95 L
2−0.95+1.2=1.05+1.2=2.25 (L)　　답 2.25 L

참고
1 L=1000 mL, 1 mL=0.001 L

체크 4-2 700 g=0.7 kg
3.5−1.56+0.7=1.94+0.7
=2.64 (kg)　　답 2.64 kg

대표 유형 5 (1) 7>5>2이고 만들 수 있는 가장 큰 수는 소수 한 자리 수이므로 75.2입니다.
(2) 2<5<7이고 만들 수 있는 가장 작은 수는 소수 두 자리 수이므로 2.57입니다.
(3) (두 소수의 합)=75.2+2.57=77.77

답 (1) 75.2 (2) 2.57 (3) 77.77

체크5-1 8>4>1이고 가장 큰 수는 소수 한 자리 수이므로 84.1입니다.
1<4<8이고 가장 작은 수는 소수 두 자리 수이므로 1.48입니다.
따라서 두 사람이 만든 수의 차는
84.1−1.48=82.62입니다.　　　　　답 82.62

체크5-2 모범 답안 ❶ 7>4>2이고 만들 수 있는 가장 큰 수는 소수 한 자리 수이므로 74.2입니다.
❷ 2<4<7이고 만들 수 있는 가장 작은 수는 소수 두 자리 수이므로 2.47입니다.
❸ 따라서 가장 큰 수와 가장 작은 수의 차는
74.2−2.47=71.73입니다.　　　　　답 71.73

채점 기준

❶ 만들 수 있는 가장 큰 수를 만듦.	2점	
❷ 만들 수 있는 가장 작은 수를 만듦.	2점	5점
❸ 가장 큰 수와 가장 작은 수의 차를 구함.	1점	

대표 유형 6 (1) ⓛ+8=11, 11−8=ⓛ, ⓛ=3
(2) 1+6+ⓒ=12, 7+ⓒ=12, 12−7=ⓒ, ⓒ=5
(3) 1+㉠+6=11, 7+㉠=11, 11−7=㉠, ㉠=4
답 (1) 3 (2) 5 (3) 4

체크6-1 ・10−4=ⓒ, ⓒ=6
・7−1+10−ⓛ=9, 16−ⓛ=9, 16−9=ⓛ, ⓛ=7
・㉠−1−2=1, 1+2+1=㉠, ㉠=4
답 4, 7, 6

체크6-2 ・ⓒ=1
・2+ⓛ=10, 10−2=ⓛ, ⓛ=8
・1+㉠+6=11, 7+㉠=11, 11−7=㉠, ㉠=4
➡ ㉠+ⓛ+ⓒ=4+8+1=13　　　답 13

대표 유형 7 (1) 0.61−0.45=0.16, 0.77−0.61=0.16이므로 0.16씩 커지는 규칙입니다.
(2) ㉠=0.77+0.16+0.16+0.16=1.25
답 (1) 0.16 (2) 1.25

체크7-1 2.18−1.68=0.5, 2.68−2.18=0.5이므로 0.5씩 커지는 규칙입니다.
➡ ㉠=2.68+0.5+0.5+0.5=4.18　　　답 4.18

체크7-2 11.42−10.36=1.06, 10.36−9.3=1.06……이므로 1.06씩 작아지는 규칙입니다.
따라서 7번째에 올 소수는
8.24−1.06−1.06−1.06=5.06입니다.　　답 5.06

대표 유형 8 (2) 정림사지 오층석탑의 높이는 ■ m이고 ■를 10배 한 수가 83.3이므로 ■는 83.3의 $\frac{1}{10}$인 8.33입니다.
따라서 정림사지 오층석탑의 높이는 8.33 m입니다.
답 (1) (왼쪽부터) 70, 12, 1.3, 83.3 (2) 8.33 m

체크8-1 모범 답안 ❶ 0.1이 8개이면 0.8, 0.01이 21개이면 0.21, 0.001이 29개이면 0.029이므로 1.039입니다.
❷ 다보탑의 높이는 ■ m이고, ■의 $\frac{1}{10}$이 1.039이므로 ■는 1.039의 10배인 10.39입니다.
❸ 따라서 다보탑의 높이는 10.39 m입니다.
답 10.39 m

채점 기준

❶ 0.1이 8개, 0.01이 21개, 0.001이 29개인 수를 구함.	2점	
❷ ■를 구함.	2점	5점
❸ 다보탑의 높이를 구함.	1점	

STEP2 하이레벨 탐구 플러스　68~69쪽

1　1이　3개이면 3
　0.1이 12개이면 1.2　⎫ 4.45
0.01이 25개이면 0.25 ⎭
4.45의 10배는 44.5입니다.　　　답 44.5

2 6보다 크고 7보다 작은 소수 세 자리 수이므로 6.☐☐☐이고, 셋째 조건에서 6.4☐☐이고 넷째 조건에서 6.43☐이고, 다섯째 조건에서 6.434입니다.
답 6.434

3 7.6에서 2번 뛰어 세어 10.2−7.6=2.6 커졌습니다.
2.6=1.3+1.3이므로 1.3씩 커지는 규칙입니다.
➡ ㉠=7.6−1.3−1.3−1.3=3.7　　　답 3.7

4 작은 눈금 한 칸의 크기는 0.01이므로
㉠=7.28, ⓛ=7.43입니다.
㉠을 10배 한 수는 72.8이므로
(㉠을 10배 한 수)−ⓛ=72.8−7.43=65.37입니다.
답 65.37

5 ㉠과 ㉢의 □ 안에 9를 넣고 ㉡의 □ 안에 1을 넣어도 9.961>9.948, 9.961>9.029이므로 ㉡이 가장 큽니다.

㉠의 □ 안에 1을 넣고 ㉢의 □ 안에 9를 넣어도 9.148>9.029이므로 ㉠이 ㉢보다 큽니다.

➡ ㉡>㉠>㉢

답 ㉡, ㉠, ㉢

6 첫 번째로 튀어 오른 높이: 23 m의 $\frac{1}{10}$인 2.3 m

두 번째로 튀어 오른 높이: 2.3 m의 $\frac{1}{10}$인 0.23 m

세 번째로 튀어 오른 높이: 0.23 m의 $\frac{1}{10}$인 0.023 m

➡ 2.3 cm

답 2.3 cm

STEP3 하이레벨 심화 **70~74쪽**

1 $9.25©3.7=9.25-3.7-3.7$
$=5.55-3.7$
$=1.85$

답 1.85

2 (배 1개의 무게)$=1.82-1.55$
$=0.27$ (kg)
➡ (빈 상자의 무게)
$=1.55-0.27-0.27-0.27-0.27-0.27$
$=0.2$ (kg)

답 0.2 kg

3 $8.2㉠8<8.20㉡$에서 ㉠$=0$, ㉡$=9$입니다.
$8.209<㉢.088$에서 ㉢$=9$입니다.
$9.088<㉣.0㉤$에서 ㉣$=9$, ㉤$=9$입니다.
➡ ㉠$+$㉡$+$㉢$+$㉣$+$㉤$=0+9+9+9+9$
$=36$

답 36

---

4 $5.67+2.48=8.15$
$8.15<10-□$는 $□<10-8.15$라 나타낼 수 있고 $10-8.15=1.85$이므로 □ 안에는 1.85보다 작은 수가 들어가야 합니다. 따라서 □ 안에 들어갈 수 있는 수 중에서 가장 큰 소수 두 자리 수는 1.84입니다.

답 1.84

5 계산 결과가 가장 클 때: $97.5-1.3=96.2$
계산 결과가 가장 작을 때: $13.5-9.7=3.8$

답 96.2, 3.8

> **문제해결 Key**
>
> • 계산 결과가 가장 클 때: (가장 큰 수)−(가장 작은 수)
> • 계산 결과가 가장 작을 때: (가장 작은 수)−(가장 큰 수)

6 (색 테이프 4장의 길이의 합)
$=7.55+7.55+7.55+7.55$
$=30.2$ (cm)
(겹쳐진 부분의 길이의 합)$=30.2-24.2$
$=6$ (cm)
➡ 겹치는 부분이 3군데이므로
(겹쳐진 부분 한 군데의 길이)
$=6÷3=2$ (cm)입니다.

답 2 cm

> **참고**
>
> 색 테이프 ■장을 이어 붙였을 때 겹치는 부분의 수
> : (■−1)군데

7 두 식을 더하면
$(㉮+㉯)+(㉮-㉯)=4.92+1.08=6$
➡ ㉮$+$㉮$=6$, ㉮$=3$입니다.
㉮$+$㉯$=4.92$에서 ㉯$=4.92-$㉮$=4.92-3=1.92$입니다.

답 3, 1.92

8 • 덧셈식의 소수 셋째 자리에서 소수 둘째 자리로 받아올림한 수가 있으므로 ㉡$+$㉣$=10$이고 뺄셈식의 소수 둘째 자리 계산에서 받아내림한 수가 있으므로 $10+$㉡$-$㉣$=8$, ㉣$-$㉡$=10-8=2$가 되어 ㉡$=4$, ㉣$=6$입니다.
• 덧셈식의 소수 첫째 자리 계산에서 $9+$㉢$=17$, ㉢$=8$이고, 일의 자리 계산에서 $1+$㉠$+5=13$, ㉠$=7$입니다.
➡ ㉠$+$㉡$+$㉢$+$㉣$=7+4+8+6=25$

답 25

9 $1+2+3+\cdots\cdots+7+8+9=45$

➡ $1.11+2.22+3.33+\cdots\cdots+7.77+8.88+9.99$
$=(1+2+3+\cdots\cdots+7+8+9)$
$+(0.1+0.2+0.3+\cdots\cdots+0.7+0.8+0.9)$
$+(0.01+0.02+0.03+\cdots\cdots+0.07+0.08+0.09)$
$=45+(0.1이\ 45개인\ 수)+(0.01이\ 45개인\ 수)$
$=45+4.5+0.45=49.95$

답 49.95

> **다른 풀이**
>
>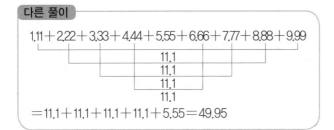
>
> $=11.1+11.1+11.1+11.1+5.55=49.95$

10 어떤 수를 ㉠㉡㉢이라 하면 어떤 수의 $\dfrac{1}{100}$은 ㉠.㉡㉢

이고 어떤 수의 $\dfrac{1}{1000}$은 0.㉠㉡㉢입니다.

$$\begin{array}{r} ㉠\,.\,㉡\ ㉢ \\ +\ \ 0\,.\,㉠\ ㉡\ ㉢ \\ \hline 7\,.\,4\ \ 0\ \ 3 \end{array}$$

· ㉢$=3$
· $3+㉡=10$, ㉡$=7$
· $1+7+㉠=14$, ㉠$=6$
따라서 어떤 수 ㉠㉡㉢은 673입니다.

답 673

> **문제해결 Key**
>
> ① 어떤 수를 ㉠㉡㉢이라 하여 어떤 수의 $\dfrac{1}{100}$, $\dfrac{1}{1000}$을 구합니다.
> ② 덧셈식을 만들어 ㉠, ㉡, ㉢의 값을 각각 구합니다.
> ③ 어떤 수를 구합니다.

11 0.5보다 크고 0.6보다 작은 소수 세 자리 수의 소수 첫째 자리 숫자는 5입니다.
0.501, 0.502……0.508, 0.509 ➡ 9개
0.512, 0.513……0.518, 0.519 ➡ 8개
⋮
0.578, 0.579 ➡ 2개
0.589 ➡ 1개
따라서 모두 $9+8+7+6+5+4+3+2+1=45(개)$
입니다.

답 45개

12 320 cm$=$3.2 m

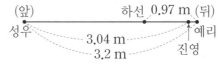

(진영이와 예리 사이의 거리)$=3.2-3.04=0.16$ (m)
(진영이와 하선이 사이의 거리)
$=$(하선~예리)$-$(진영~예리)
$=0.97-0.16=0.81$ (m)
➡ $0.81-0.16=0.65$ (m)

답 0.65 m

13 ㉠ 2.3 ㉡ 3.2 ㉢ 2.4
가장 큰 수: 3.2
가장 작은 수: 2.3
➡ $3.2-2.3=0.9$

답 0.9

> **문제해결 Key**
>
> ① ㉠, ㉡, ㉢의 값을 각각 구합니다.
> ② 세 수의 크기를 비교하여 가장 큰 수와 가장 작은 수를 찾습니다.
> ③ ②에서 찾은 두 수의 차를 구합니다.

14 $(0.03+0.04-0.01-0.02)+(0.07+0.08-0.05-0.06)$
$+(0.11+0.12-0.09-0.1)+(0.15+0.16-0.13-0.14)$
$+\cdots\cdots+(㉠+㉡-㉢-㉣)=1.2$에서 한 괄호 안에 덧셈과 뺄셈이 2번씩 반복되는 규칙입니다.
4번째 수까지의 계산 결과는
$0.03+0.04-0.01-0.02=0.04$,
8번째 수까지의 계산 결과는
$(0.03+0.04-0.01-0.02)$
$+(0.07+0.08-0.05-0.06)=0.08$,
12번째 수까지의 계산 결과는
$(0.03+0.04-0.01-0.02)$
$+(0.07+0.08-0.05-0.06)+(0.11+0.12-0.09-0.1)$
$=0.12$입니다.
또한 괄호 안에서 가장 작은 수를 □라 하면
$(□+0.02)+(□+0.03)-□-(□+0.01)$이고 계산 결과가 1.2이므로 ㉡$=$㉢$+0.03=1.2$,
㉢$=1.17$, ㉣$=1.17+0.01=1.18$입니다.

답 1.18

> **문제해결 Key**
>
> ① 식의 규칙을 찾아 괄호로 묶어 봅니다.
> ② 괄호 안의 수와 계산 결과 사이의 규칙을 찾습니다.
> ③ 계산 결과가 1.2가 될 때의 ㉣을 구합니다.

1　450 g＝0.45 kg

（여학생에게 나누어 준 찰흙 무게의 합）
＝0.45＋0.45＋0.45＋0.45＋0.45＋0.45
＝2.7 (kg)

（남학생에게 나누어 준 찰흙 무게의 합）
＝5－1.5－2.7＝0.8 (kg)

➡ $\underbrace{0.16＋0.16＋0.16＋0.16＋0.16}_{5번}＝0.8$ (kg)

이므로 나누어 준 남학생은 5명입니다.　**답** 5명

2　만들 수 있는 1보다 작은 소수 중에서 가장 작은 수는
0.125이고 둘째로 작은 수는 0.152입니다. 또한 가장
큰 수는 0.521이고 둘째로 큰 수는 0.512입니다.
둘째로 작은 수와 둘째로 큰 수의 합은
0.152＋0.512＝0.664이고
차는 0.512－0.152＝0.36입니다.
따라서 둘째로 작은 수와 둘째로 큰 수의 합은 차보다
0.664－0.36＝0.304 더 큽니다.　**답** 0.304

3　표를 그림으로 나타내면 다음 그림과 같습니다.

(단위: km)

（㉱에서 ㉰까지의 거리）
＝2.03－0.85－0.74
＝1.18－0.74
＝0.44 (km)

➡ （㉰에서 ㉲까지의 거리）
　＝（㉯에서 ㉲까지의 거리）－（㉯에서 ㉰까지의 거리）
　＝1.07－0.44＝0.63 (km)　**답** 0.63 km

4　연속된 5개의 수: ● ● ● ● ●

```
┌─────────┐        ┌──────────┐
│ 가장 작은 수 │        │ 둘째로 큰 수 │
└─────────┘        └──────────┘
```

연속된 5개의 수 중에서 가장 작은 수에서 3번을 뛰어
세면 둘째로 큰 수가 됩니다.
두 수의 차가 0.669이고
0.669＝0.223＋0.223＋0.223이므로 0.223씩 뛰어
센 것입니다.
20번째에 놓인 수는 0부터 0.223씩 19번 뛰어 센 수이
므로 4.237이고 30번째에 놓인 수는 0부터 0.223씩
29번 뛰어 센 수이므로 6.467입니다.
따라서 두 수의 합은 4.237＋6.467＝10.704입니다.
　답 10.704

---

4 사각형

1

➡ 직선 가와 만나서 이루는 각이 직각인 직선을 찾아
보면 직선 나입니다.
　답 직선 나

2　**답** 예

3　서로 만나지 않는 두 직선을 찾습니다.
　답 직선 나와 직선 마

4　주어진 두 선분과 각각 평행한 선분을 긋습니다.
　답 예

5　**답** 3 cm

6　각도기의 밑금을 주어진 직선과 일치하도록 맞추고 각
도기에서 90°가 되는 눈금 위에 점을 찍어 수선을 긋습
니다.
　답 예

7　주어진 직선에 길이가 2 cm인 수선을 그은 다음, 그은
수선에 수직인 직선을 긋습니다.
　답 예

2 cm

STEP1 하이레벨 입문   83쪽

1 마주 보는 두 쌍의 변이 서로 평행한 사각형을 찾습니다.

답 나, 다, 라

2 선을 따라 잘라 낸 도형 중 사각형은 마주 보는 한 쌍의 변이 서로 평행하므로 모두 사다리꼴입니다.

답 가, 나, 마, 바

3 마름모는 이웃한 두 각의 크기의 합이 180°입니다.

➡ □=180°−120°=60°   답 60

4 네 각이 모두 직각인 사각형을 찾습니다. ➡ ㄹ

답 ㄹ

5 ㄷ 각 ㄱㄴㄷ과 크기가 같은 각은 각 ㄷㄹㄱ입니다.

답 ㄷ

> **참고**
> • 평행사변형의 성질
> ① 마주 보는 두 변의 길이가 같습니다.
> ② 마주 보는 두 각의 크기가 같습니다.
> ③ 이웃한 두 각의 크기의 합이 180°입니다.

6 • 사다리꼴: 평행한 변이 한 쌍이라도 있는 사각형
           ➡ 가, 나, 다, 라, 마
• 평행사변형: 마주 보는 두 쌍의 변이 서로 평행한 사각형 ➡ 가, 다, 라, 마
• 마름모: 네 변의 길이가 모두 같은 사각형
           ➡ 가, 마
• 직사각형: 네 각이 모두 직각인 사각형
           ➡ 가, 다
• 정사각형: 네 각이 모두 직각이고, 네 변의 길이가 모두 같은 사각형 ➡ 가

답 가, 나, 다, 라, 마 / 가, 다, 라, 마 / 가, 마 / 가, 다 / 가

7 변 ㄱㄹ의 길이를 □ cm라 하면
□+8+□+8=50, □+□=34, □=17입니다.
따라서 변 ㄱㄹ의 길이는 17 cm입니다.

답 17 cm

> **참고**
> 평행사변형은 마주 보는 두 변의 길이가 같으므로 변 ㄱㄹ의 길이를 □ cm라 하면 (변 ㄴㄷ의 길이)=□ cm, (변 ㄷㄹ의 길이)=8 cm입니다.

STEP1 하이레벨 입문   84~85쪽

1 답 예

2 ㉠은 60°와 동위각이므로 60°이고, ㉡=180°−㉠=120°, ㉢=180°−㉡=60°입니다.

답 60°, 60°

3 답 3 cm

4 답 (위에서부터) 70, 110

5 마름모는 마주 보는 꼭짓점끼리 이은 선분이 서로 수직으로 만나고 길이가 같게 나누어집니다.   답 5, 90

6 ㉡ 마름모 중에는 네 각의 크기가 같지 않은 것이 있습니다.

답 ㉡ / 예 정사각형은 마름모이지만, 마름모는 정사각형이 아닙니다.

STEP2 하이레벨 탐구   86~93쪽

대표 유형 1 (1) 직선 가와 직선 나가 만나서 이루는 각은 90°입니다.
(2) ㉠=90°−60°=30°   답 (1) 90° (2) 30°

체크 1-1 직선 가와 직선 나가 만나서 이루는 각은 90°이므로 ㉠=90°−50°=40°입니다.

답 40°

체크 1-2 ㉠=90°−45°=45°, ㉡=90°−20°=70°

답 45°, 70°

대표 유형 2 (3) (직선 가와 직선 다 사이의 거리)
     =(직선 가와 직선 나 사이의 거리)
       +(직선 나와 직선 다 사이의 거리)
     =8+12=20 (cm)

답 (1) 8 cm (2) 12 cm (3) 20 cm

체크 2-1 (직선 가와 직선 다 사이의 거리)
     =(직선 가와 직선 나 사이의 거리)
       +(직선 나와 직선 다 사이의 거리)
     =12+24=36 (cm)   답 36 cm

체크2-2 직선 가와 직선 다 사이의 수선의 길이는 16 cm 이고, 직선 다와 직선 라 사이의 수선의 길이는 8 cm 입니다.

➡ 16＋8＝24 (cm) 답 24 cm

대표 유형 3 (1) 직선 ㄱㄴ과 직선 ㄷㄹ이 서로 평행하므로 직선 ㄱㄴ과 직선 ㅁㅂ도 수직으로 만납니다.

(2) 삼각형의 세 각의 크기의 합은 180°이므로 180°－65°－90°＝25°입니다.

답 (1) 90° (2) 25°

체크3-1 직선 가와 직선 나는 서로 평행하므로 직선 가와 직선 다도 수직으로 만납니다.

➡ ㉠＝180°－90°－70°＝20° 답 20°

체크3-2 직선 가와 직선 다가 수직으로 만나고, 직선 가와 직선 나가 서로 평행하므로 직선 나와 직선 다도 수직으로 만납니다.

➡ ㉠＝180°－40°－90°＝50° 답 50°

대표 유형 4 (1) ㉡×3＝360°이므로 ㉡＝360°÷3＝120° 입니다.

(2) 마름모에서 이웃한 두 각의 크기의 합은 180°이므로 ㉠＝180°－120°＝60°입니다.

답 (1) 120° (2) 60°

체크4-1 **모범 답안** **1** ㉡×8＝360°이 므로 ㉡＝360°÷8＝45°입니다.
2 마름모에서 이웃한 두 각의 크기의 합은 180°이므로 ㉠＝180°－45°＝135°입니다.

답 135°

채점 기준		
1 ㉡의 각도를 구함.	3점	5점
2 ㉠의 각도를 구함.	2점	

대표 유형 5 (2) 찾을 수 있는 크고 작은 마름모는 모두 4＋1＋1＝6(개)입니다.

답 (1) ⑥, ⑧, 4 / ⑦, 1 / ⑧ / 1 (2) 6개

체크5-1 도형 2개로 이루어진 사다리꼴:
①＋②, ②＋③, ④＋⑤, ⑤＋⑥, ②＋⑤ ➡ 5개
도형 3개로 이루어진 사다리꼴:
①＋②＋③, ④＋⑤＋⑥ ➡ 2개
도형 6개로 이루어진 사다리꼴:
①＋②＋③＋④＋⑤＋⑥ ➡ 1개
따라서 찾을 수 있는 크고 작은 사다리꼴은 모두 5＋2＋1＝8(개)입니다.

답 8개

체크5-2

도형 2개로 이루어진 평행사변형: ①＋②, ②＋③, ④＋⑤, ⑤＋⑥, ⑥＋⑦, ⑦＋⑧, ①＋⑤, ③＋⑦ ➡ 8개
도형 4개로 이루어진 평행사변형: ②＋①＋⑤＋④, ②＋③＋⑦＋⑧, ④＋⑤＋⑥＋⑦, ⑤＋⑥＋⑦＋⑧ ➡ 4개
따라서 찾을 수 있는 크고 작은 평행사변형은 모두 8＋4＝12(개)입니다. 답 12개

대표 유형 6 (1) 사각형 ㄱㄴㄷㄹ은 평행사변형이고 평행사변형은 마주 보는 두 변의 길이가 같으므로 (선분 ㄹㅁ)＝(선분 ㄱㄴ)＝6 cm, (선분 ㄴㅁ)＝(선분 ㄱㄹ)＝14 cm입니다.

(2) (선분 ㅁㄷ)＝(선분 ㄴㄷ)－(선분 ㄴㅁ) ＝20－14＝6 (cm)

(3) (삼각형 ㄹㅁㄷ의 세 변의 길이의 합) ＝6＋6＋6＝18 (cm)

답 (1) 6 cm, 14 cm (2) 6 cm (3) 18 cm

체크6-1 사각형 ㄱㅁㄷㄹ은 평행사변형이고 평행사변형은 마주 보는 두 변의 길이가 같으므로 (선분 ㄱㅁ)＝(선분 ㄹㄷ)＝13 cm, (선분 ㅁㄷ)＝(선분 ㄱㄹ)＝18 cm입니다.
(선분 ㄴㅁ)＝(선분 ㄴㄷ)－(선분 ㅁㄷ) ＝23－18＝5 (cm)

➡ (삼각형 ㄱㄴㅁ의 세 변의 길이의 합) ＝12＋5＋13＝30 (cm) 답 30 cm

체크6-2 평행사변형은 마주 보는 두 변의 길이가 같으므로 (선분 ㄱㄹ)＝(선분 ㄴㄷ)＝6＋12＝18 (cm)입니다.
삼각형 ㄱㄴㅁ이 정삼각형이므로 (선분 ㄱㄴ)＝(선분 ㄴㅁ)＝6 cm이고, 평행사변형은 마주 보는 두 변의 길이가 같으므로 (선분 ㄹㄷ)＝(선분 ㄱㄴ)＝6 cm입니다.

➡ (평행사변형 ㄱㄴㄷㄹ의 네 변의 길이의 합) ＝6＋18＋6＋18＝48 (cm) 답 48 cm

대표 유형 7 (1) 이등변삼각형 ㅁㄷㄹ은 두 각의 크기가 같으므로 각 ㅁㄷㄹ의 크기는 180°－40°＝140°, 140°÷2＝70°입니다.

(2) 직선이 이루는 각은 180°이므로 (각 ㄴㄷㅁ)＝180°－70°＝110°입니다.

(3) 평행사변형은 마주 보는 각의 크기가 같으므로 (각 ㅁㄱㄴ)＝(각 ㄴㄷㅁ)＝110°입니다.

답 (1) 70° (2) 110° (3) 110°

체크7-1 이등변삼각형 ㅁㄷㄹ은 두 각의 크기가 같으므로
각 ㅁㄷㄹ은 180°−100°=80°, 80°÷2=40°입니다.
(각 ㅁㄷㄴ)=180°−40°=140°
➡ 평행사변형에서 이웃한 두 각의 크기의 합은 180°
이므로 (각 ㄱㄴㄷ)=180°−140°=40°입니다.
답 40°

체크7-2 **모범 답안** **1** 정사각형은 네 각이 모두 직각이므로
(각 ㄱㅂㄷ)=150°−90°=60°입니다.
2 마름모에서 이웃한 두 각의 크기의 합은 180°이므로
(각 ㅂㄷㄴ)=180°−60°=120°입니다. **답** 120°

채점 기준

1 각 ㄱㅂㄷ의 크기를 구함.	3점	5점
2 각 ㅂㄷㄴ의 크기를 구함.	2점	

대표 유형 8 (2) (각 ㄱㄴㄷ)=360°−50°−90°−150°
=70°

답 (1) 50, 90, 150 (2) 70°

체크8-1 점 ㄱ에서 직선 나에 수선을 긋습니다.

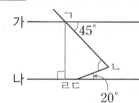

(각 ㄴㄱㄹ)=90°−45°=45°
(각 ㄱㄹㄷ)=90°
(각 ㄹㄷㄴ)=180°−20°
=160°
➡ (각 ㄱㄴㄷ)=360°−45°−90°−160°=65°
답 65°

체크8-2 점 ㄱ에서 직선 나에 수선을 긋습니다.

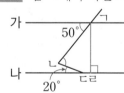

(각 ㄴㄱㄹ)=90°−50°=40°
(각 ㄱㄹㄷ)=90°
(각 ㄹㄷㄴ)=180°−20°
=160°
➡ (각 ㄱㄴㄷ)=360°−40°−90°−160°=70°
답 70°

STEP2 **하이레벨 탐구 플러스** 94~95쪽

1 ㉡ 평행사변형은 마주 보는 두 변의 길이가 같습니다.
답 ㉡

2 수선
E 평행선
수선과 평행선이 모두 있는 문자: E **답** E

3

①과 ⑧, ①과 ④, ⑧과 ④, ②와 ⑦,
②와 ⑤, ⑦과 ⑤, ⑥과 ⑨, ⑥과 ③,
⑨와 ③ ➡ 9쌍 **답** 9쌍

4 도형 1개짜리 사다리꼴: 8개
도형 4개짜리 사다리꼴: 2개
➡ 8+2=10(개) **답** 10개

5 사각형 ㄱㄴㅁㄹ은 평행사변형이므로
(선분 ㄹㅁ)=(선분 ㄱㄴ)=5 cm입니다.
삼각형 ㄹㅁㄷ은 이등변삼각형이므로
(선분 ㅁㄷ)=(선분 ㅁㄹ)=5 cm입니다.
(선분 ㄴㅁ)=(선분 ㄴㄷ)−(선분 ㅁㄷ)
=10−5=5 (cm)이므로
사각형 ㄱㄴㅁㄹ은 마름모입니다.
➡ (사각형 ㄱㄴㅁㄹ의 네 변의 길이의 합)
=5×4=20 (cm) **답** 20 cm

6

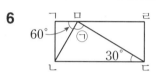

직사각형이므로 (각 ㅁㄱㄴ)
=90°입니다.
(각 ㄱㄴㅁ)=180°−90°−60°
=30°
(각 ㅁㄹㄷ)=90°−30°=60°
➡ ㉠=180°−60°−30°=90° **답** 90°

다른 풀이

평행선과 한 직선이 만날 때 생기는 반대쪽의 각의 크기
는 같으므로 (각 ㄹㅁㄷ)=30°입니다.
➡ 직선이 이루는 각은 180°이므로
㉠=180°−60°−30°=90°입니다.

STEP3 **하이레벨 심화** 96~100쪽

1 (나의 한 변)=4+1=5 (cm)
➡ (변 ㄱㄴ과 변 ㄹㄷ 사이의 거리)=4+5=9 (cm)
답 9 cm

참고
(평행선 사이의 거리)=(평행선 사이의 수선의 길이)

2

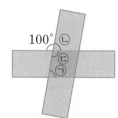

㉡=180°−100°=80°
㉢=180°−80°=100°
겹쳐진 부분은 평행사변형이므로
이웃하는 두 각의 크기의 합은
180°입니다.
➡ ㉠=180°−100°=80°
답 80°

3 직각을 똑같은 크기의 각 6개로 나누었으므로 각 하나
의 크기는 90°÷6=15°입니다.
➡ (각 ㅇㅊㄴ)=15°+15°+90°=120° **답** 120°

4 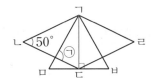 삼각형 ㄱㄴㄷ은 이등변삼 각형이므로 각 ㄴㄷㄱ의 크 기는 $180°-50°=130°$, $130°÷2=65°$입니다.

따라서 (각 ㄷㄱㅁ)$=180°-60°-90°=30°$이므로 ㉠$=180°-30°-65°=85°$입니다.　　**답** $85°$

5 삼각형의 세 각의 크기의 합 은 $180°$이므로
　　㉡$=180°-25°-25°$
　　$=130°$입니다.

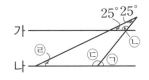

평행선과 한 직선이 만날 때 생기는 같은 쪽의 각의 크 기는 같으므로 ㉢$=$㉡$=130°$입니다.

따라서 ㉠$=180°-$㉢$=180°-130°=50°$입니다.

답 $50°$

> **다른 풀이**
>
> 평행선과 한 직선이 만날 때 생기는 같은 쪽의 각의 크기 는 같으므로 ㉣$=25°$입니다.
> 따라서 ㉢$=180°-25°-25°=130°$이므로
> ㉠$=180°-$㉢$=180°-130°=50°$입니다.

6 선분 ㄱㄷ과 선분 ㄴㄹ이 서로 수직으로 만나므로
(각 ㄹㅁㄷ)$=90°$입니다.
삼각형 ㄹㅁㄷ에서
(각 ㅁㄹㄷ)$=180°-45°-90°=45°$입니다.
직선이 이루는 각은 $180°$이므로
(각 ㄴㄷㄱ)$=180°-45°-90°=45°$입니다.
따라서 삼각형 ㄱㄴㄷ에서
(각 ㄱㄴㄷ)$=180°-30°-45°=105°$이므로
㉠$=180°-105°=75°$입니다.　　**답** $75°$

> **문제해결 Key**
>
> ① 각 ㅁㄷㄹ의 크기를 구합니다.
> ② 각 ㄴㄷㄱ의 크기를 구합니다.
> ③ 각 ㄱㄴㄷ의 크기를 구합니다.
> ④ ㉠을 구합니다.

7 (각 ㄱㄴㅁ)$=180°-45°-90°=45°$이므로
삼각형 ㄱㄴㅁ은 이등변삼각형입니다.
(선분 ㄱㅁ)$=$(선분 ㄴㅁ)$=5\,cm$이므로
(선분 ㄱㅂ)$=5+7=12\,(cm)$입니다.
따라서 (선분 ㅂㄹ)$=10-5=5\,(cm)$이므로
삼각형 ㄱㅂㄹ의 세 변의 길이의 합은
$12+5+13=30\,(cm)$입니다.　　**답** $30\,cm$

8 사각형 ㅅㄹㅁㅂ과 사각형 ㅅㄷㄹㅂ은 마름모이고 사 각형 ㄱㄴㄷㅅ은 정사각형이므로 네 변의 길이가 같습 니다. 따라서 삼각형 ㅅㄷㄹ과 삼각형 ㅅㅂㄹ은 정삼 각형이고 삼각형 ㄴㄷㄹ은 이등변삼각형입니다.
(각 ㄴㄷㄹ)$=60°+90°=150°$이므로 각 ㄴㄹㄷ의 크 기는 $180°-150°=30°$, $30°÷2=15°$입니다.
➡ (각 ㅂㄹㄴ)$=60°+60°-15°=105°$　**답** $105°$

9 사각형 ㄱㄴㄷㅁ은 평행사변형이므로
(각 ㄷㅁㄱ)$=$(각 ㄱㄴㄷ)$=80°$입니다.
마름모에서 마주 보는 꼭짓점끼리 이은 선분이 서로 수직이므로 삼각형 ㄱㅂㅁ에서
(각 ㅁㄱㅂ)$=180°-80°-90°=10°$입니다.
따라서 삼각형 ㅁㄱㄹ은 이등변삼각형이므로
(각 ㄱㄹㅁ)$=$(각 ㅁㄱㄹ)$=10°$입니다.　**답** $10°$

10 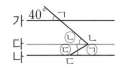 점 ㄱ에서 직선 나에 수선을 긋습니다.
직선이 이루는 각은 $180°$이므 로
(각 ㄴㄱㄹ)$=180°-40°-90°=50°$이고,
(각 ㄱㄹㄷ)$=90°$입니다.
사각형의 네 각의 크기의 합은 $360°$이므로
(각 ㄹㄷㄴ)$=360°-50°-90°-70°=150°$입니다.
따라서 ㉠$=180°-150°=30°$입니다.　　**답** $30°$

> **문제해결 Key**
>
> ① 점 ㄱ에서 직선 나에 수선을 그어 봅니다.
> ② 각 ㄴㄱㄹ, 각 ㄱㄹㄷ, 각 ㄹㄷㄴ의 크기를 각각 구합 니다.
> ③ ㉠을 구합니다.

> **다른 풀이**
>
> 직선 가와 평행한 직선 다를 긋 습니다.
> 평행선과 한 직선이 만날 때 생 기는 같은 쪽의 각과 반대쪽의 각의 크기는 같으므로 ㉡$=40°$, ㉢$=$㉠입니다.
> 따라서 $40°+$㉠$=70°$, ㉠$=30°$입니다.

11 (각 ㄴㄷㄹ)$=35°+35°+35°=105°$이고 마름모에서 이웃한 두 각의 크기의 합은 $180°$이므로
(각 ㅁㄴㄷ)$=180°-105°=75°$입니다.
삼각형 ㅁㄴㄷ에서
(각 ㄷㅁㄴ)$=180°-75°-35°=70°$이고
(각 ㅂㅁㄷ)$=$(각 ㄴㅁㄷ)이므로
㉠$=180°-70°-70°=40°$입니다.　　**답** $40°$

12 • 평행사변형에서 이웃한 두 각의 크기의 합은 180°이 므로 (각 ㄷㄹㄱ)=180°−120°=60°,

(각 ㄷㄹㅁ)=60°−30°=30°입니다.

삼각형 ㄹㅁㄷ에서

(각 ㄹㅁㄷ)=180°−30°−120°=30°이므로

삼각형 ㄹㅁㄷ은 이등변삼각형입니다.

➡ (선분 ㅁㄷ)=(선분 ㄹㄷ)=10 cm

• (각 ㄱㄴㅁ)=(각 ㄷㄹㄱ)=60°

(각 ㄴㅁㄱ)=180°−90°−30°=60°

(각 ㅁㄱㄴ)=180°−60°−60°=60°

삼각형 ㄱㄴㅁ은 정삼각형이므로

(선분 ㄴㅁ)=(선분 ㄱㄴ)=10 cm입니다.

➡ (선분 ㄴㄷ)=10+10=20 (cm)

따라서 (사각형 ㄱㄴㄷㄹ의 네 변의 길이의 합)
　　　　=10+20+10+20=60 (cm)입니다.

답 60 cm

13

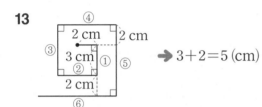

➡ 3+2=5 (cm)

답 5 cm

14 사각형 ㄱㄴㄷㄹ은 평행사변형이므로

(각 ㄹㄱㅈ)=(각 ㅈㄷㄹ)=70°입니다.

(각 ㄱㅈㄷ)=180°−70°=110°

(각 ㄴㅈㄱ)=180°−110°=70°

같은 방법으로 (각 ㄹㅊㄷ)=70°입니다.

(각 ㄴㄱㅈ)=180°−70°−70°=40°

(각 ㅈㄱㅇ)=(각 ㄴㄱㅈ)=40°이므로

(각 ㅇㄱㄹ)=(각 ㅂㄹㄱ)=70°−40°=30°입니다.

따라서 삼각형 ㄱㅁㄹ에서

㉠=180°−30°−30°=120°입니다. **답** 120°

다른 풀이

평행선과 한 직선이 만날 때 생기는 같은 쪽과 반대쪽의 각의 크기는 같으므로

(각 ㄱㅈㄴ)=(각 ㄹㄷㅊ)=70°,

(각 ㄹㄱㅈ)=(각 ㄱㅈㄴ)=70°입니다.

같은 방법으로 (각 ㄹㅊㄷ)=(각 ㄱㅈㄹ)=70°,

(각 ㄱㄹㅊ)=(각 ㄹㅊㄷ)=70°입니다.

(각 ㄴㄱㅈ)=180°−70°−70°=40°

(각 ㅈㄱㅇ)=(각 ㄴㄱㅈ)=40°이므로

(각 ㅇㄱㄹ)=(각 ㅂㄹㄱ)=70°−40°=30°입니다.

따라서 삼각형 ㄱㅁㄹ에서

㉠=180°−30°−30°=120°입니다.

---

1 평행사변형에서 이웃한 두 각의 크기의 합은 180°이므로

(각 ㄴㄷㄹ)=(각 ㄴㄷㄹ)=180°−66°=114°입니다.

(각 ㄴㄷㅁ)=(각 ㅁㄷㄹ)=114°÷2=57°

➡ (각 ㄱㅁㄷ)=360°−57°−114°−66°=123°

답 123°

2 직선 가와 나가 만나서 이루는 각이 직각이므로 90°입 니다.

(출발점에서 3 m 앞으로 가는 데 걸리는 시간)
=20×3=60(초)

(방향을 90° 바꾸는 데 걸리는 시간)=2×9=18(초)

(도착점까지 가는 데 걸리는 시간)=20×3=60(초)

➡ (로봇이 출발점에서 도착점까지 가는 데 걸리는 시간)
　　=60+18+60=138(초) **답** 138초

3 각 ㄱㄴㅁ과 각 ㄷㄴㅁ의 크기는 360°−140°=220°,

220°÷2=110°이고 평행사변형에서 이웃한 두 각의 크기의 합이 180°이므로

(각 ㅈㅁㄴ)=(각 ㄴㅁㄹ)=180°−110°=70°입니다.

직선이 이루는 각의 크기는 180°이므로

(각 ㅇㅈㅁ)=(각 ㅈㅁㅇ)=180°−110°=70°이고,

(각 ㅈㅁㅇ)=180°−70°−70°=40°입니다.

삼각형 ㅇㅁㅅ과 삼각형 ㅅㅁㅂ은 삼각형 ㅈㅁㅇ과 모양과 크기가 같으므로 (각 ㅇㅁㅅ)=(각 ㅅㅁㅂ)=40° 입니다.

➡ (각 ㄹㅁㅂ)=360°−70°−70°−40°−40°−40°
　　　　　　=100° **답** 100°

4 선분 ㄷㄹ을 양쪽으로 늘여서 직각삼각형을 2개 만들어 봅니다.

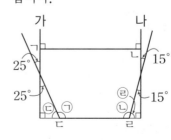

삼각형의 세 각의 크기의 합이 180°이므로

25°+90°+㉢=180°,

115°+㉢=180°,

㉢=65°

15°+90°+㉣=180°,

105°+㉣=180°, ㉣=75°입니다.

직선이 이루는 각이 180°이므로

㉠=180°−㉢=180°−65°=115°,

㉡=180°−㉣=180°−75°=105°입니다.

➡ ㉠+㉡=115°+105°=220° **답** 220°

5 꺾은선그래프

STEP1 하이레벨 입문   107쪽

1 꺾은선그래프의 꺾은선은 어느 도시의 월별 강수량의 변화를 나타냅니다.

답 (　　)
(　◯　)

2 세로 눈금 5칸이 50 mm를 나타내므로 세로 눈금 한 칸은 10 mm를 나타냅니다.

답 10 mm

3 가로 눈금 7과 만나는 점의 세로 눈금을 읽으면 160 mm 입니다.   **답** 160 mm

4 점이 가장 높게 찍힌 때는 8월입니다.   **답** 8월

5 물결선을 0 ℃부터 36.0 ℃ 사이에 넣었습니다.

답 0 ℃와 36.0 ℃ 사이

> **참고**
> 꺾은선그래프를 그릴 때 필요 없는 부분에 물결선을 사용하면 자료가 변화하는 모습을 쉽게 알 수 있습니다.

6 체온이 가장 높은 때는 점이 가장 높게 찍힌 때인 오전 9시이고, 그때의 체온은 37.1 ℃입니다.

답 37.1 ℃

> **참고**
> 세로 눈금 5칸이 0.5 ℃를 나타내므로 세로 눈금 한 칸은 0.1 ℃를 나타냅니다.

7 꺾은선이 오전 9시까지 계속 올라갔고, 이후에 아래로 내려왔으므로 바르게 설명한 것은 ⓒ입니다.

답 ⓒ

> **참고**
> 선분이 오른쪽 위로 올라가면 체온이 오르는 것이고, 선분이 오른쪽 아래로 내려가면 체온이 떨어지는 것입니다.

8 세로 눈금 한 칸은 0.1 ℃이고 오전 9시에는 오전 7시보다 세로 눈금이 8칸 위에 있으므로 0.8 ℃ 올랐습니다.

답 0.8 ℃

> **다른 풀이**
> 오전 9시 체온: 37.1 ℃, 오전 7시 체온: 36.3 ℃
> ➡ 37.1－36.3＝0.8(℃)

STEP1 하이레벨 입문   109쪽

1 꺾은선그래프의 가로 눈금에 월을 나타내면 세로 눈금에는 책의 수를 나타내야 합니다.

답 책의 수

2 책의 수가 일의 자리까지 있으므로 세로 눈금 한 칸의 크기는 1권으로 나타내는 것이 좋겠습니다.

답 예 1권

3 가로 눈금과 세로 눈금이 만나는 자리에 점을 찍고, 점들을 선분으로 연결합니다.

답
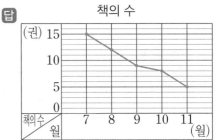

> **참고**
> • 꺾은선그래프 나타내는 방법
> ① 가로와 세로 중 어느 쪽에 조사한 수를 나타낼 것인지 정합니다.
> ② 세로 눈금 한 칸의 크기와 눈금의 수를 정합니다.
> ③ 필요 없는 부분이 있으면 물결선으로 줄입니다.
> ④ 가로 눈금과 세로 눈금이 만나는 자리에 점을 찍습니다.
> ⑤ 찍은 점들을 선분으로 잇습니다.
> ⑥ 그래프에 알맞은 제목을 붙입니다.

4 그래프의 선분이 가장 적게 기울어진 때를 찾습니다.

답 9월과 10월 사이

5 **답** 238, 242, 252, 240

6 세로 눈금 한 칸은 10÷5＝2(대)를 나타냅니다. 가로 눈금과 세로 눈금이 만나는 자리에 점을 찍고, 점들을 선분으로 연결합니다.

답
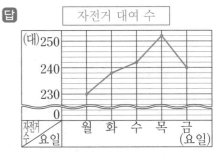

7 꺾은선이 전날보다 아래쪽으로 내려온 날은 금요일입니다.   **답** 금요일

STEP1 하이레벨 입문 110~111쪽

1 답 꺾은선그래프

> **참고**
> • 막대그래프: 항목별 수량을 비교하는 데 편리합니다.
> • 꺾은선그래프: 시간에 따른 자료의 변화를 살펴보는 데 편리합니다.

2 3월 1일 식물의 키: 50 cm
7월 1일 식물의 키: 72 cm
➡ 72−50=22 (cm)

답 22 cm

> **다른 풀이**
> 세로 눈금 한 칸의 크기는 2 cm입니다.
> 7월 1일에는 3월 1일보다 세로 눈금이 11칸 위에 있으므로 2×11=22 (cm) 자랐습니다.

3 선분이 오른쪽 위로 가장 많이 올라간 때를 찾으면 5월과 6월 사이입니다.

답 5월과 6월 사이

4 2000년부터 2020년까지 졸업생 수가 계속 줄어들었으므로 2025년에도 2020년보다 졸업생 수가 줄어들 것이라고 예상할 수 있습니다.

답 모범 답안 졸업생 수가 2020년보다 줄어들 것입니다.

5 세로 눈금 1칸은 1 ℃를 나타냅니다.

답
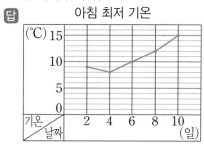

아침 최저 기온

STEP2 하이레벨 탐구 112~117쪽

대표 유형 1 (1) 세로 눈금 한 칸은 1 ℃입니다. 오전 10시의 온도는 5 ℃에서 3칸 올라갔으므로 8 ℃입니다.
(2) 오전 11시의 온도는 10 ℃입니다.
(3) 8 ℃와 10 ℃의 중간값인 9 ℃라고 예상할 수 있습니다.

답 (1) 8 ℃ (2) 10 ℃ (3) 예 9 ℃

> **참고**
>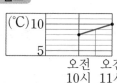
> 오전 10시: 8 ℃, 오전 11시: 10 ℃
> 오전 10시 30분의 온도는 8 ℃와 10 ℃의 중간값인 9 ℃라고 예상할 수 있습니다.

체크1-1 모범 답안 **1** 오전 8시의 온도는 8 ℃입니다.
2 오전 10시의 온도는 12 ℃입니다.
3 오전 9시의 온도는 오전 8시와 오전 10시 온도의 중간값인 10 ℃로 예상할 수 있습니다. 답 예 10 ℃

> **채점 기준**

채점 기준		
1 오전 8시의 온도를 구함.	1점	
2 오전 10시의 온도를 구함.	1점	5점
3 오전 9시의 온도를 바르게 예상함.	3점	

대표 유형 2 (1) 2023년은 2022년보다 세로 눈금이 3칸 위로 갔으므로 2024년도 2023년보다 세로 눈금 3칸 위에 점을 찍고 선분으로 잇습니다.
(2) 2024년도에 아열대성 물고기를 3만 2000마리 잡을 것으로 예상할 수 있습니다.

답 (1) 잡은 아열대성 물고기 수
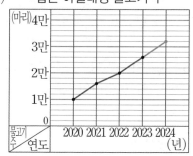

(2) 3만 2000마리

> **참고**
> 위 (1)과 다르게 생각하여 예상할 수도 있습니다.

체크2-1 4일과 5일 사이에 자라는 콩나물의 키가 3일과 4일 사이와 비슷하게 클 거라 예상하여 꺾은선을 그려 봅니다. 세로 눈금이 4일에는 3일보다 4칸 위로 갔으므로 5일에도 똑같이 4일보다 4칸 위에 점을 찍고 선분으로 잇습니다. 따라서 5일에 콩나물의 키를 16 cm로 예상할 수 있습니다.

답 예 콩나물의 키 / 예 16 cm

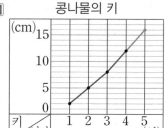

대표 유형 3 (1) 세로 눈금 5칸이 50권을 나타내므로 세로 눈금 한 칸의 크기는 $50 \div 5 = 10$(권)입니다.

(2) (1월부터 5월까지 공책의 판매량의 합)
$$= 310 + 350 + 380 + 360 + 350$$
$$= 1750(권)$$

(3) (1월부터 5월까지 공책의 판매액)
$$= 1000 \times 1750$$
$$= 1750000(원)$$

답 (1) 10권 (2) 1750권 (3) 1750000원

체크3-1 세로 눈금 5칸이 10그릇을 나타내므로 세로 눈금 한 칸의 크기는 $10 \div 5 = 2$(그릇)입니다.

(월요일부터 금요일까지 라면의 판매량의 합)
$$= 40 + 46 + 56 + 42 + 60$$
$$= 244(그릇)$$

➡ (라면의 판매액) $= 2000 \times 244$
$$= 488000(원)$$

답 488000원

대표 유형 4 (1) 두 꺾은선 사이의 간격이 가장 작은 때는 금요일입니다.

(2) 세로 눈금 한 칸이 $10 \div 5 = 2$(회)를 나타냅니다. 금요일에 두 사람의 세로 눈금의 차가 2칸이므로 기록의 차는 4회입니다. **답** (1) 금요일 (2) 4회

> **다른 풀이**
> 금요일에 경준이의 기록은 34회, 서현이의 기록은 30회이므로 그 차는 $34 - 30 = 4$(회)입니다.

체크4-1 두 꺾은선 사이의 간격이 가장 큰 때는 7월입니다. 7월에 재연이의 기록은 $181\ cm$이고 찬영이의 기록은 $186\ cm$이므로 그 차는 $186 - 181 = 5\ (cm)$입니다.

답 7월, 5 cm

대표 유형 5 (2) (9월의 강수량) $-$ (10월의 강수량)
$$= 190 - 150 = 40\ (mm)$$

(3) $40 \div 20 = 2$(칸)

답 (1) 190 mm, 150 mm (2) 40 mm (3) 2칸

체크5-1 지수의 최고 타수는 3주에 250타, 4주에 290타이므로 (최고 타수의 차) $= 290 - 250 = 40$(타)입니다. 따라서 세로 눈금 한 칸의 크기를 5타로 하면 $40 \div 5 = 8$(칸) 차이가 납니다. **답** 8칸

대표 유형 6 (1) $2790 - 500 - 530 - 580 = 1180$(상자)

(2) ■ + ■ $= 1180$이므로 ■ $= 1180 \div 2 = 590$

답 (1) 1180상자 (2) 1180, 590

(3)

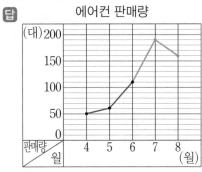

사과 생산량

체크6-1 **모범 답안 ①** (7월과 8월의 판매량의 합)
$$= 570 - 50 - 60 - 110 = 350(대)$$

② 7월의 에어컨 판매량을 □대라 하면 8월의 에어컨 판매량은 (□-30)대이므로 □+□-30=350, □+□=380, □=190입니다.

③ 따라서 7월의 에어컨 판매량은 190대, 8월의 에어컨 판매량은 $190 - 30 = 160$(대)이므로 꺾은선그래프로 나타내면 다음과 같습니다.

답 에어컨 판매량

채점 기준		
① 7월과 8월의 에어컨 판매량의 합을 구함.	1점	
② 7월의 에어컨 판매량을 구함.	1점	5점
③ 8월의 에어컨 판매량을 구해 꺾은선그래프를 완성함.	3점	

STEP2 **하이레벨 탐구 플러스** 118~119쪽

1 오전 3시 30분의 해수면 높이는 오전 3시와 오전 4시의 중간값인 $200\ cm$로 예상할 수 있습니다.

답 예 200 cm

2 오전 2시의 해수면 높이와 오전 3시의 해수면 높이의 차는 $160 - 100 = 60\ (cm)$입니다.
세로 눈금 한 칸을 $10\ cm$로 하면 $60 \div 10 = 6$(칸) 차이가 납니다. **답** 6칸

3 성태: $94 - 82 = 12$(점), 은영: $92 - 76 = 16$(점)
따라서 $12 < 16$이므로 3월에 비해 7월에 수학 점수가 더 많이 오른 사람은 은영입니다. **답** 은영, 16점

4 토요일의 음식물 쓰레기 배출량을 □ kg이라 하면 금요일은 (□−5) kg, 일요일은 (□+3) kg입니다.

$51+54+55+60+(□−5)+□+(□+3)=404$,
$□×3=186$, $□=62$

따라서 음식물 쓰레기 배출량이 금요일에는
$62−5=57$ (kg), 토요일에는 62 kg, 일요일에는
$62+3=65$ (kg)입니다.

답

5 2학년 9월에 재하의 몸무게는 24 kg과 30 kg의 중간값인 $(24+30)÷2=27$ (kg) 정도이고, 예지의 몸무게는 23 kg과 27 kg의 중간값인 $(23+27)÷2=25$ (kg) 정도입니다.

따라서 두 사람의 몸무게의 차는 $27−25=2$ (kg) 정도입니다.
답 예 2 kg 정도

STEP3 하이레벨 심화 **120~124쪽**

1 4월의 출생아 수가 56명이므로 5월의 출생아 수는
$56+5=61$(명)입니다.
➡ (1월부터 5월까지 출생아 수의 합)
$=63+60+52+56+61=292$(명) 답 292명

2 두 그래프 사이의 간격이 가장 큰 때는 5일이고, 이 때의 키의 차는 $10.5−3.5=7$ (cm)입니다.
답 5일, 7 cm

3 가 회사: $15000−6000=9000$(대)
나 회사: $17000−15000=2000$(대)
따라서 판매량의 차가 더 큰 회사는 가 회사입니다.
답 가 회사

참고
세로 눈금의 차가 가 회사는 9칸, 나 회사는 10칸으로 나 회사의 세로 눈금의 차가 더 큽니다. 하지만 세로 눈금 한 칸의 크기가 다르므로 가 회사는 $9×1000=9000$(대), 나 회사는 $10×200=2000$(대)로 가 회사의 판매량의 차가 더 큽니다.

4 오후 4시의 기온은 18 ℃이고 오후 6시의 기온은 17.6 ℃입니다.
오후 6시의 기온은 오후 4시의 기온보다
$18−17.6=0.4$ (℃) 내려갔으므로 오후 2시의 기온은 낮 12시의 기온보다 0.4 ℃의 2배인 $0.4+0.4=0.8$ (℃) 올라갔습니다.
따라서 오후 2시의 기온은 $16.8+0.8=17.6$ (℃)입니다.

답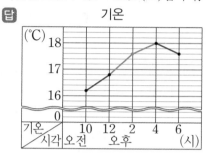

5 세로 눈금 $5+8+7+9+11=40$(칸)이 80회를 나타내므로 세로 눈금 한 칸의 크기는 $80÷40=2$(회)입니다. 따라서 ㉠$=2×5=10$, ㉡$=2×10=20$입니다.
답 10, 20

6 전년도에 비해 외국인 관광객이 늘어난 해는 2015년, 2016년이고 전년도에 비해 관광 수입액이 줄어든 해는 2016년, 2017년입니다.
따라서 전년도에 비해 외국인 관광객은 늘었지만 관광 수입액은 줄어든 해는 2016년입니다. 2016년의 관광 수입액은 680만 달러이고 2015년의 관광 수입액은 720만 달러이므로 720만−680만$=40$만 (달러) 줄었습니다.

답 40만 달러

7 $20\,mL \xrightarrow[+6]{∩} 26\,mL \xrightarrow[-7]{∈} 19\,mL \xrightarrow[+5]{∪} 24\,mL$
$\xrightarrow[-8]{ㅋ} 16\,mL \xrightarrow[+6]{∩} 22\,mL$
➡ 과정을 1번 하면 $22−20=2$ (mL)씩 늘어납니다.

답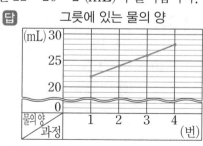

주의
기호 5개에 따라 물의 양이 변한 것이 과정을 1번 한 것임을 주의합니다.

8 왼쪽 꺾은선그래프에서 5월의 장난감 전체 생산량은
1300개입니다. 오른쪽 막대그래프에서 5월의 장난감
생산량이 ㉠: 200개, ㉢: 450개, ㉣: 400개이므로 5월
에 생산한 장난감 ㉡의 개수는
$1300-200-450-400=250$(개)입니다.
➡ 장난감 ㉡ 한 개의 가격이 800원이므로 5월에 생산한
　장난감 ㉡을 판 금액은 모두 $800 \times 250 = 200000$(원)
　입니다. **답** 200000원

9 세로 눈금 한 칸은 $30 \div 5 = 6$ (km)입니다.
・기차는 30분 동안 60 km를 달리므로 180 km를 가
　려면 30분씩 $180 \div 60 = 3$(번)이므로 $30 \times 3 = 90$(분)
　➡ 1시간 30분이 걸립니다.
・버스는 30분 동안 36 km를 달리므로 180 km를 가려
　면 30분씩 $180 \div 36 = 5$(번)이므로 $30 \times 5 = 150$(분)
　➡ 2시간 30분이 걸립니다.
따라서 기차는 버스보다 2시간 30분－1시간 30분
＝1시간 더 빨리 도착합니다. **답** 1시간

10 꺾은선그래프를 보면 2개의 수도로 5분 동안 받은 물의
양이 30 L이므로 2개의 수도에서 1분 동안
$30 \div 5 = 6$ (L)의 물이 나옵니다. 20분부터 꺾은선그래
프의 기울기가 달라졌으므로 20분에 수도꼭지 ㉡을 잠
근 것입니다. 20분부터 25분까지 5분 동안 받은 물의
양이 $130-120=10$ (L)이므로 수도꼭지 ㉠에서 1분
동안 $10 \div 5 = 2$ (L)의 물이 나오고 수도꼭지 ㉡에서
1분 동안 $6-2=4$ (L)의 물이 나옵니다.
따라서 들이가 120 L인 물통에 수도꼭지 ㉠으로 30분
동안 $2 \times 30 = 60$ (L)의 물을 받고 나머지 $120-60$
$=60$ (L)를 수도꼭지 ㉡으로 가득 채우는 데에는
$60 \div 4 = 15$(분)이 걸립니다.
➡ 들이가 120 L인 물통에 물을 가득 채우는 데 걸리
　는 시간은 $30+15=45$(분)입니다. **답** 45분

토론 발표　**브레인스토밍**　125~126쪽

1 세로 눈금 한 칸은 $100 \div 5 = 20$ (km)입니다.
(3시간 30분 동안 ㉮ 자동차가 달린 거리)
$=(240+300) \div 2 = 270$ (km) 정도
(3시간 30분 동안 ㉯ 자동차가 달린 거리)
$=(200+220) \div 2 = 210$ (km) 정도
(㉮ 자동차가 사용한 휘발유)$=270 \div 15 = 18$ (L) 정도
(㉯ 자동차가 사용한 휘발유)$=210 \div 14 = 15$ (L) 정도
➡ $18-15=3$ (L) 정도 **답** 예 3 L 정도

2 꺾은선그래프를 살펴보면 공은 일정한 빠르기로 움직
이고 가 지점에서 나 지점까지 가는 데 20초, 나 지점에
서 가 지점으로 다시 돌아오는 데 20초가 걸리는 규칙
입니다. 공이 가 지점에서 출발하여 나 지점까지 갔다
가 다시 돌아오는 데 걸리는 시간은 40초이고
2분 30초＝150초＝40초＋40초＋40초＋30초이므
로 2분 30초 후의 공의 위치는 30초 후의 공의 위치와
같습니다.
따라서 2분 30초 후의 공은 나 지점에서 출발하여
10 m 떨어진 곳에 있습니다. **답** 나, 10 m

3 준영이는 5분 후부터 5분마다 200 m씩 걸었으므로 1분
동안에 $200 \div 5 = 40$ (m)씩 걸었습니다.
따라서 1200 m를 1분에 40 m씩 걸어갔다면
$200 \div 40 = 30$(분)이 걸립니다.
➡ (준영이와 형의 도착 시간의 차)$=30-20=10$(분)
답 10분

4 8월부터 12월까지 저금액의 합이 35400원이므로
(9월의 저금액)＋(10월의 저금액)＋(11월의 저금액)
$=35400-7200-8000=20200$(원)입니다.
9월, 10월, 11월의 저금액은 각각 7200원보다 적으므로
세 금액의 합이 20200원이 되기 위해서는 모두 6000원
보다 커야 합니다.

9월(원)	6200	6200	6200	6200	6400	6400	6600
10월(원)	6400	6600	6800	7000	6600	6800	6800
11월(원)	7600	7400	7200	7000	7200	7000	6800
합계(원)	20200	20200	20200	20200	20200	20200	20200

위 표에서 세 달의 저금액의 크기가 점점 커지면서 저
금액이 모두 7200원보다 적은 경우를 찾습니다.
따라서 9월은 6400원, 10월은 6800원, 11월은 7000
원입니다. **답** 7000원

문제해결 Key
① 9월, 10월, 11월의 저금액의 합을 구합니다.
② 합계를 이용하여 위 ①의 세 달의 저금액을 예상하여
　표를 만듭니다.
③ 표에서 각 달의 저금액이 점점 커지면서 모두 7200원
　보다 적은 경우를 찾아 11월의 저금액을 구합니다.

참고
표에서 세로 눈금 한 칸이 200원이므로 9월 금액을
6200원부터 시작하여 10월 금액을 6400원부터 200
원씩 크게 하고 20200원이 되도록 11월 금액을 구합
니다.

6 다각형

1 다각형은 선분으로만 둘러싸인 도형입니다.
① 곡선으로 둘러싸인 도형이므로 다각형이 아닙니다.
④ 선분만 있지만 둘러싸여 있지 않으므로 다각형이 아닙니다.

답 ①, ④

2 곡선이 없이 선분만 있으나 둘러싸여 있지 않으므로 다각형이 아닙니다.

답 ㉡

3 선분으로만 둘러싸여 있으므로 다각형입니다.
따라서 변이 8개인 다각형이므로 팔각형입니다.

답 팔각형

4 변의 길이와 각의 크기가 모두 같은 다각형을 찾습니다.

답 나, 바

5 선분 5개로 둘러싸인 도형이 되도록 그립니다.

답 예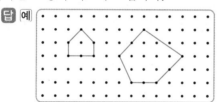

6 7개의 선분으로 둘러싸여 있으므로 칠각형입니다. 변의 길이가 모두 같고, 각의 크기가 모두 같으면 정다각형이므로 정칠각형입니다.

답 정칠각형

7 육각형의 변의 수: 6개, 십일각형의 변의 수: 11개
→ 11−6=5(개)

답 5개

참고
■각형의 변의 수는 ■개입니다.

8 정육각형을 다음과 같이 사각형 2개로 나눕니다.

(정육각형의 모든 각의 크기의 합)
=(사각형의 네 각의 크기의 합)×2
=360°×2=720°
→ ㉠=(정육각형의 한 각의 크기)
=720°÷6=120°

답 120°

---

1 대각선을 모두 그어 보면 5개이다.

답  / 5개

다른 풀이
(한 꼭짓점에서 그을 수 있는 대각선의 수)×(꼭짓점의 수)
=2×5=10(개)
(대각선의 수)=10÷2=5(개)

2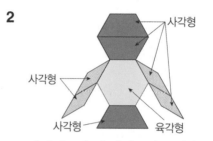
사각형 7개, 육각형 1개를 사용하여 만든 모양입니다.

답 삼각형에 △표

3 삼각형은 대각선을 그을 수 없습니다. 답 나

4 꼭짓점이 많을수록 대각선의 수가 더 많습니다.
따라서 꼭짓점이 가장 많은 도형은 다입니다.

답 다

5 그림과 같이 두 대각선을 그어 보고 수직이 되는 사각형을 모두 찾습니다.

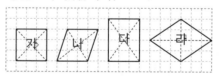

답 가, 라

참고
두 대각선이 항상 수직으로 만나는 사각형은 마름모와 정사각형입니다.

6 답 예

7 답 예

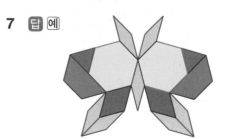

1 답 육각형

2 모범 답안 변의 길이는 모두 같으나 각의 크기가 모두 같지 않기 때문입니다.

> 평가 기준
>
> 정사각형의 정의를 이용하여 바르게 설명했으면 정답입니다.

3 (1) (모든 각의 크기의 합)=180°×3=540°
(2) (한 각의 크기)=540°÷5=108°

답 (1) 예   , 540° (2) 108°

4 (2) (한 꼭짓점에서 그을 수 있는 대각선 수)×(꼭짓점 수)
=3×6=18(개)
(대각선의 수)=18÷2=9(개)   답 (1) 3개 (2) 9개

5 답 4개

6

등 여러 가지 방법이 있습니다.

답 예

대표 유형 **1** (1) (정사각형의 네 변의 길이의 합)
=6×4=24 (cm)
(2) 그린 정다각형의 모든 변의 길이의 합은 정사각형의 네 변의 길이의 합과 같습니다.
그린 정다각형의 한 변의 길이가 3 cm이므로 변의 수는 24÷3=8(개)입니다.
(3) 변이 8개인 정다각형의 이름은 정팔각형입니다.

답 (1) 24 cm (2) 8개 (3) 정팔각형

체크1-1 정삼각형의 세 변의 길이의 합은 12×3=36 (cm)입니다. 그린 정다각형의 한 변의 길이가 6 cm이므로 변의 수는 36÷6=6(개)입니다. 변이 6개인 정다각형의 이름은 정육각형입니다.   답 정육각형

체크1-2 정육각형의 여섯 변의 길이의 합은 8×6=48 (cm)입니다. 한 변이 16 cm인 정다각형의 모든 변의 길이의 합은 128−48=80 (cm)이므로 변의 수는 80÷16=5(개)입니다. 변이 5개인 정다각형의 이름은 정오각형입니다.   답 정오각형

대표 유형 **2** (3) 마름모 ㅁㅂㅅㅇ의 두 대각선은 각각 직사각형의 가로, 세로와 길이가 같습니다.
➡ (두 대각선의 길이의 합)=14+9=23 (cm)
답 (1) 2개 (2) 가로에 ◯표, 세로에 ◯표 (3) 23 cm

체크2-1 두 정사각형의 대각선의 길이는 모두 24 cm이고, 한 대각선이 다른 대각선을 똑같이 둘로 나눕니다.
따라서 ㉠+㉡=24 (cm)입니다.   답 24 cm

체크2-2 모범 답안 **1** 큰 정사각형의 한 변이 20 cm이므로 원의 지름도 20 cm입니다.
2 원의 지름과 선분 ㄱㄷ의 길이가 같고 정사각형에서 한 대각선은 다른 대각선을 똑같이 둘로 나누므로 (선분 ㄱㅇ)=(선분 ㄱㄷ)÷2=20÷2=10 (cm)입니다.
답 10 cm

> 채점 기준
>
> | | | |
> |---|---|---|
> | **1** 원의 지름의 길이를 구함. | 2점 | |
> | **2** 선분 ㄱㅇ의 길이를 구함. | 3점 | 5점 |

대표 유형 **3** (1) (한 꼭짓점에서 그을 수 있는 대각선 수)
=4−3=1(개)
➡ 1×4=4(개)이므로
(대각선 수)=4÷2=2(개)입니다.
(2) (한 꼭짓점에서 그을 수 있는 대각선 수)
=6−3=3(개)
➡ 3×6=18(개)이므로
(대각선 수)=18÷2=9(개)입니다.
(3) 9−2=7(개)   답 (1) 2개 (2) 9개 (3) 7개

체크3-1 한 꼭짓점에서 그을 수 있는 대각선 수가 오각형은 5−3=2(개), 구각형은 9−3=6(개)입니다.
오각형: 2×5=10(개)이므로
(대각선 수)=10÷2=5(개)
구각형: 6×9=54(개)이므로
(대각선 수)=54÷2=27(개)
따라서 대각선 수의 차는 27−5=22(개)입니다.
답 22개

체크3-2 한 꼭짓점에서 그을 수 있는 대각선 수가 칠각형은 7−3=4(개), 팔각형은 8−3=5(개)입니다.
칠각형: 4×7=28(개)이므로
(대각선 수)=28÷2=14(개)
팔각형: 5×8=40(개)이므로
(대각선 수)=40÷2=20(개)
따라서 대각선 수의 합은 14+20=34(개)입니다.
답 34개

6
단원

다각형

대표 유형 4 (1) 선분 ㄱㅁ과 선분 ㄹㅁ의 길이가 같으므로 이등변삼각형입니다.

(2) $180° - 50° = 130°$

(3) (각 ㄱㄹㅁ) + (각 ㄹㄱㅁ) = $180° - 130° = 50°$이고, (각 ㄱㄹㅁ) = (각 ㄹㄱㅁ)이므로 (각 ㄱㄹㅁ) = $50° ÷ 2 = 25°$입니다.

답 (1) 이등변삼각형에 ◯표 (2) $130°$ (3) $25°$

체크4-1 선분 ㄱㅁ과 선분 ㄴㅁ의 길이가 같으므로 삼각형 ㄱㄴㅁ은 이등변삼각형입니다.

(각 ㄱㅁㄴ) = $180° - 110° = 70°$,

(각 ㄱㄴㅁ) + (각 ㄴㄱㅁ) = $180° - 70° = 110°$이고,

(각 ㄱㄴㅁ) = (각 ㄴㄱㅁ)이므로

(각 ㄱㄴㅁ) = $110° ÷ 2 = 55°$입니다. **답** $55°$

체크4-2 정사각형의 두 대각선은 서로 수직으로 만나므로 각 ㄷㅁㄹ은 90°입니다.

(각 ㄷㄹㅁ) + (각 ㄹㄷㅁ) = $180° - 90° = 90°$이고 삼각형 ㄷㄹㅁ은 이등변삼각형이므로

(각 ㄷㄹㅁ) = $90° ÷ 2 = 45°$입니다.

선분 ㅅㅊ과 선분 ㅇㅊ의 길이가 같으므로 삼각형 ㅅㅇㅊ은 이등변삼각형입니다.

(각 ㅅㅊㅇ) = $180° - 60° = 120°$,

(각 ㅇㅅㅊ) + (각 ㅅㅇㅊ) = $180° - 120° = 60°$이고,

(각 ㅇㅅㅊ) = (각 ㅅㅇㅊ)이므로

(각 ㅇㅅㅊ) = $60° ÷ 2 = 30°$입니다.

➡ (각 ㄷㄹㅁ) - (각 ㅇㅅㅊ) = $45° - 30° = 15°$ **답** $15°$

대표 유형 5 (1) 정팔각형을 사각형으로 나누면 사각형이 3개가 되므로 모든 각의 크기의 합은 $360° × 3 = 1080°$입니다.

(2) $1080° ÷ 8 = 135°$

(3) ㉠ = $180° - 135° = 45°$ **답** (1) $1080°$ (2) $135°$ (3) $45°$

체크5-1 **모범 답안** ❶ 정오각형을 삼각형으로 나누면 삼각형이 3개가 되므로 모든 각의 크기의 합은 $180° × 3 = 540°$입니다.

❷ 정오각형의 다섯 각의 크기가 모두 같으므로 한 각의 크기는 $540° ÷ 5 = 108°$입니다.

❸ 따라서 ㉠ = $180° - 108° = 72°$입니다. **답** $72°$

채점 기준

❶ 정오각형의 모든 각의 크기의 합을 구함.	2점	
❷ 정오각형의 한 각의 크기를 구함.	2점	5점
❸ ㉠의 크기를 구함.	1점	

대표 유형 6 (2) 가로로 $20 ÷ 5 = 4$(개)씩, 세로로 $15 ÷ 3 = 5$(개)씩 놓아야 하므로 모두 $4 × 5 = 20$(개) 필요합니다.

(3) 필요한 삼각형 모양 조각의 수는 $20 × 2 = 40$(개)입니다. **답** (1) (위에서부터) 3, 5 (2) 20개 (3) 40개

체크6-1  3 cm 6 cm와 같이 사다리꼴 2개를 이어 붙여서 평행사변형 모양을 만들 수 있습니다. 만든 평행사변형 모양으로 주어진 평행사변형을 만들려면 아래와 같이 12개 필요합니다.

따라서 필요한 사다리꼴 모양 조각은 모두 $12 × 2 = 24$(개)입니다. **답** 24개

STEP2 하이레벨 탐구 플러스 142~143쪽

1 정다각형의 모든 변의 길이의 합이 45 cm이므로 한 변이 3 cm인 정다각형의 변의 수는 $45 ÷ 3 = 15$(개)입니다. 따라서 정십오각형입니다. **답** 정십오각형

2 마름모의 대각선은 서로 수직으로 만나고 한 대각선이 다른 대각선을 똑같이 둘로 나눕니다.

(선분 ㄹㅁ) = (선분 ㄹㄷ) × 2 = $7 × 2 = 14$ cm,

(선분 ㄴㅂ) = (선분 ㄴㄷ) × 2 = $7 × 2 = 14$ (cm)

➡ (두 대각선의 길이의 합) = $14 × 2 = 28$ (cm)

답 28 cm

3 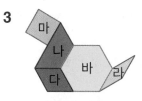 모양 조각으로 모양을 채워 보고 사용하지 않은 조각을 찾습니다.

답 가

4 다각형의 각 꼭짓점에서 그은 대각선의 수의 합은 $20 × 2 = 40$(개)입니다. 꼭짓점이 □개인 다각형의 한 꼭짓점에서 그을 수 있는 대각선은 (□-3)개이므로 □와 (□-3)의 곱은 40입니다. 곱이 40이고 차가 3인 두 수를 찾으면 8과 5이므로 □=8입니다.

따라서 다각형은 팔각형입니다. **답** 팔각형

5 삼각형 ㄱㄹㅁ이 이등변삼각형이므로 ㉢의 크기는 $180° - 108° = 72°$, $72° ÷ 2 = 36°$입니다.

따라서 ㉡ = ㉢이므로

㉠ = $108° - 36° - 36° = 36°$입니다. **답** $36°$

6 직사각형은 두 대각선의 길이가 같고 한 대각선이 다른 대각선을 똑같이 둘로 나누므로
삼각형 ㄱㅇㄹ은 (선분 ㄱㅇ)=(선분 ㄹㅇ)인 이등변삼각형입니다.
따라서 (각 ㅇㄱㄹ)+(각 ㅇㄹㄱ)=180°−74°=106°,
(각 ㅇㄱㄹ)=(각 ㅇㄹㄱ)이므로
(각 ㅇㄹㄱ)=106°÷2=53°입니다. 삼각형 ㄱㄴㄹ에서
㉠=180°−90°−53°=37°입니다. 　　**답** 37°

STEP3 **하이레벨 심화** 　144~148쪽

1 • 변 ㄱㄴ과 변 ㄴㄷ의 길이가 같으므로 삼각형 ㄱㄴㄷ은 이등변삼각형입니다.
(각 ㄴㄱㄷ)+(각 ㄴㄷㄱ)=180°−60°=120°
(각 ㄴㄱㄷ)=(각 ㄴㄷㄱ)=120°÷2=60°
• 삼각형 ㄱㄴㄷ은 정삼각형이므로
(변 ㄱㄴ)=(변 ㄱㄷ)=13+13=26 (cm)입니다.
➡ (마름모 ㄱㄴㄷㄹ의 네 변의 길이의 합)
　=26+26+26+26=104 (cm) 　**답** 104 cm

2 ㉡=360°÷6=60°
㉠=㉡=60°
　　　　　　　　　　　　답 60°

3 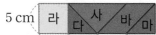 24 cm ➡ 정삼각형 모양 조각은 24개 필요합니다. 　**답** 24개

4 (정삼각형의 한 변)=90÷3=30 (cm)
모양 조각은 작은 정삼각형 3개로 나눌 수 있으므로
(작은 정삼각형의 한 변)=30÷3=10 (cm)입니다.
따라서 모양 조각 한 개의 네 변의 길이의 합은 작은 정삼각형의 한 변의 5배이므로 10×5=50 (cm)입니다.
　　　　　　　　　　　　답 50 cm

5 정오각형의 모든 각의 크기의 합은 180°×3=540°이므로 한 각의 크기는 540°÷5=108°입니다.
정팔각형의 모든 각의 크기의 합은 360°×3=1080°이므로 한 각의 크기는 1080°÷8=135°입니다.
➡ ㉠=360°−108°−135°=117° 　　**답** 117°

6 한 대각선의 길이가 20 cm이므로 대각선을 이루고 있는 다, 라, 마, 바의 변의 길이는 각각 20÷4=5 (cm)입니다.

(직사각형의 네 변의 길이의 합)
=5+20+5+20=50 (cm) 　　**답** 50 cm

---

7 삼각형이 2개 겹쳐 있으므로 왼쪽에 표시한 6개 각의 크기의 합은 180°×2=360°입니다.

왼쪽에 표시한 6개 각의 크기의 합은 육각형의 여섯 각의 크기의 합이고 육각형은 사각형 2개로 나누어지므로 360°×2=720°입니다.
➡ 360°+720°=1080° 　　**답** 1080°

8

다각형	정삼각형	정사각형	정오각형	정육각형	정칠각형	정팔각형	정구각형
한 변(cm)	3	4	5	6	7	8	9
모든 변의 길이의 합(cm)		16	25	36	49	64	81

답 정구각형

9 (㉮의 모든 변의 길이의 합)−(㉯의 모든 변의 길이의 합)
=64−48=16 (cm), (㉮의 한 변)=16÷2=8 (cm),
(㉮의 변의 수)=64÷8=8(개)
➡ ㉮는 변이 8개이므로 정팔각형입니다. 　**답** 정팔각형

10 직사각형의 두 대각선의 길이는 같습니다. 따라서 직사각형이 아닌 평행사변형을 알아봅니다.

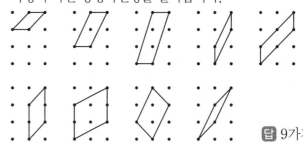

답 9가지

11 합이 26이고 차가 2인 두 수는 14, 12이므로 두 대각선은 각각 14 cm와 12 cm입니다.
마름모의 대각선을 따라 자른 후 이어 붙이는 방법은 다음과 같이 2가지입니다.

①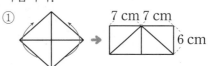

(직사각형의 네 변의 길이의 합)
=(7+7)+6+(7+7)+6=40 (cm)

②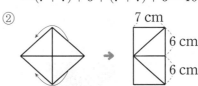

(직사각형의 네 변의 길이의 합)
=7+(6+6)+7+(6+6)=38 (cm)
따라서 38 cm<40 cm이므로 가장 긴 직사각형의 네 변의 길이의 합은 40 cm입니다. 　**답** 40 cm

12 ㉠ (정사각형의 한 각의 크기)=360°÷4=90°

㉡ 정오각형은 삼각형 3개로 나누어지므로 정오각형의 다섯 각의 크기의 합은 180°×3=540°이고 한 각의 크기는 540°÷5=108°입니다.

㉢ 정육각형은 사각형 2개로 나누어지므로 정육각형의 여섯 각의 크기의 합은 360°×2=720°이고 한 각의 크기는 720°÷6=120°입니다.

㉣ 정팔각형은 사각형 3개로 나누어지므로 정팔각형의 여덟 각의 크기의 합은 360°×3=1080°이고 한 각의 크기는 1080°÷8=135°입니다.

한 가지 도형을 모아서 평면을 빈틈없이 채우려면 한 점에 모이는 도형들의 각의 크기의 합이 360°가 되어야 합니다. 따라서 90°×4=360°, 120°×3=360°이므로 한 가지 도형으로 평면을 빈틈없이 채울 수 있는 도형은 ㉠, ㉢입니다.　**답** ㉠, ㉢

13

정다각형의 한 각의 크기를 □라 하면 삼각형 ㄱㄴㄷ은 이등변삼각형이고 (각 ㄴㄱㄷ)=(각 ㅁㄱㄹ)이므로

(각 ㄴㄱㄷ)+(각 ㅁㄱㄹ)=□-100°

(각 ㄴㄱㄷ)+(각 ㄴㄷㄱ)=□-100°

삼각형 ㄱㄴㄷ의 세 각의 크기의 합이

□+□-100°=180°이므로 □+□=280°,

□=140°입니다.　**답** 140°

토론 발표　**브레인스토밍**　**149~150쪽**

❶

원 한 바퀴의 각도는 360°이고 정십이각형은 모양과 크기가 같은 12개의 이등변삼각형으로 나눌 수 있으므로 ㉡=360°÷12=30°입니다.

따라서 ㉠의 크기는 180°-30°=150°, 150°÷2=75°입니다.　**답** 75°

❷ 한 대각선의 길이가 28 cm이므로 대각선을 이루고 있는 다, 라, 마, 바의 변의 길이는 28÷4=7 (cm)입니다.

➡ (모든 변의 길이의 합)　　➡ (모든 변의 길이의 합)
　=7×8=56 (cm)　　　　　=7×10=70 (cm)

따라서 70-56=14 (cm)입니다.　**답** 14 cm

❸ 1조각을 사용하여 만든 경우: (마) ➡ 1가지
2조각을 사용하여 만든 경우: (가, 나), (다, 바) ➡ 2가지
3조각을 사용하여 만든 경우: (다, 바, 사) ➡ 1가지
4조각을 사용하여 만든 경우: (가, 다, 라, 바),
(나, 다, 라, 바), (가, 다, 마, 바), (나, 다, 마, 바),
(가, 다, 바, 사), (나, 다, 바, 사) ➡ 6가지
5조각을 사용하여 만든 경우: (다, 라, 마, 바, 사)
　　　　　　　　　　　　➡ 1가지
7조각을 사용하여 만든 경우: (가, 나, 다, 라, 마, 바, 사)
　　　　　　　　　　　　➡ 1가지
따라서 정사각형을 만들 수 있는 방법은 모두
1+2+1+6+1+1=12(가지)입니다.　**답** 12가지

문제해결 Key

① 1조각부터 7조각까지 사용하여 각각 정사각형을 만들 수 있는 경우를 모두 찾습니다.

② 위 ①의 각 경우의 수를 모두 더합니다.

❹ (정오각형의 한 각의 크기)=540°÷5=108°

직선 가, 직선 나와 평행하면서 정오각형의 꼭짓점 ㅁ을 지나는 직선 다를 그은 후 이와 수직인 직선을 그어 만나는 점을 각각 ㅂ, ㅅ, ㅇ이라고 합니다.

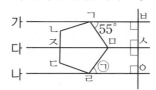

사각형 ㄱㅁㅅㅂ에서 (각 ㄱㅁㅅ)

=360°-55°-90°-90°

=125°이므로

(각 ㄱㅁㅈ)=180°-125°=55°입니다.

각 ㄱㅁㄹ은 정오각형의 한 각으로 108°이므로

(각 ㅈㅁㄹ)=108°-55°=53°,

(각 ㅅㅁㄹ)=180°-53°=127°입니다.

따라서 사각형 ㅁㄹㅇㅅ에서

㉠=360°-127°-90°-90°=53°입니다.　**답** 53°

다른 풀이

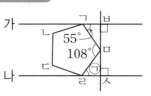

(각 ㄱㅁㄹ)=540°÷5=108°

삼각형 ㄱㅁㅂ에서

(각 ㄱㅁㅂ)=180°-55°-90°=35°

일직선은 180°이므로

(각 ㄹㅁㅅ)=180°-35°-108°=37°

삼각형 ㅁㄹㅅ에서 ㉠=180°-37°-90°=53°입니다.

천재교과서

milk T

학교공부 성적향상
영수심화 수준별로
고학년이 강한 밀크T

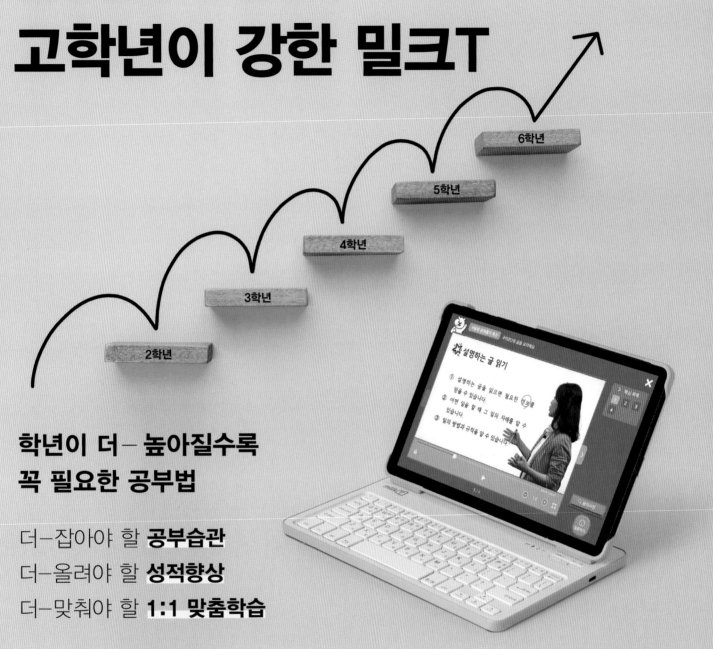

학년이 더- 높아질수록
꼭 필요한 공부법

더-잡아야 할 **공부습관**
더-올려야 할 **성적향상**
더-맞춰야 할 **1:1 맞춤학습**

학년별 맞춤 콘텐츠		수준별 국/영/수		영재교육원/ 특목고 콘텐츠		1:1 맞춤학습
7세부터 6학년까지 차별화된 맞춤 학습 콘텐츠와 과목 전문강사의 동영상 강의	+	체계적인 학습으로 기본 개념부터 최고 수준까지 실력완성 및 공부습관 형성	+	수준별 맞춤 콘텐츠로 상위 1%를 넘어 영재로 레벨업 (HME, 최고수준수학, 최강TOT, 대치 퍼스트)	+	1:1 밀착 관리선생님 1:1 AI 첨삭과외 1:1 맞춤학습 커리큘럼

www.milkt.co.kr | 1577-1533

우리 아이 공부습관,
무료체험 후 결정하세요!

어린이제품
안전 특별법에
의한 품질 표시

※ 주의
책 모서리에 다칠 수 있으니 주의하시기 바랍니다.
부주의로 인한 사고의 경우 책임지지 않습니다.
8세 미만의 어린이는 부모님의 관리가 필요합니다.
※ KC 마크는 이 제품이 공통안전기준에 적합하였음을 의미합니다.

어린이제품
안전 특별법에
의한 품질 표시

정답은
이안에
있어 !

논술·한자교재

● YES 논술   1~6학년/총 24권

● 천재 NEW 한자능력검정시험 자격증 한번에 따기   8~5급(총 7권) / 4급~3급(총 2권)

영어교재

● READ ME

– Yellow 1~3   2~4학년(총 3권)

– Red 1~3   4~6학년(총 3권)

● Listening Pop   Level 1~3

● Grammar, ZAP!

– 입문   1, 2단계

– 기본   1~4단계

– 심화   1~4단계

● Grammar Tab   총 2권

● Let's Go to the English World!

– Conversation   1~5단계, 단계별 3권

– Phonics   총 4권

예비중 대비교재

● 천재 신입생 시리즈   수학 / 영어

● 천재 반편성 배치고사 기출 & 모의고사

월간교재

● NEW 해법수학   1~6학년

● 해법수학 단원평가 마스터   1~6학년 / 학기별

● 월간 무등생평가   1~6학년

수학리더를 더! 완벽하게 만들어주는
보충 자료를 받아보시겠습니까?

YES	NO

ACA에는 다~ 있다!
https://aca.chunjae.co.kr/